基础医学实验课程系列教材

U0155230

细胞与分子生物学实验方法详解

主　编：王松梅　潘銮凤

编　委：王松梅 潘銮凤 邵红霞 隋鲜鲜
　　　　周瑞雪 支秀玲 李冬菊 高红阳
　　　　马淑兰

复旦大學 出版社

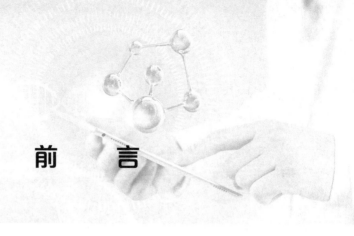

前　言

　　医学具有很强的实践性，医学生物学研究离不开各种实验方法，包括分子、细胞、组织和整体水平的技术，其中细胞和分子是当前研究的主要对象。细胞和分子生物学实验方法种类繁多，我们选择了一些最常用的方法编撰于本书中，供医学生实验教学使用，同时也为广大的科研工作者提供参考。

　　本书在写作上特别注重通用性、实用性、容易掌握和便于操作。内容围绕着医学生物学研究中常用和关键的实验方法展开，包括：①实验室基础知识与技能，实验报告撰写、实验室仪器使用和基础操作技术；②组织切片及染色、细胞培养、免疫荧光等技术；③核酸/蛋白质各类生物大分子实验方法。

　　对于同一种实验，有不同的操作方法可供选择，但是不同的实验操作方法的原理不同，各有利弊。为了让学生更好地掌握实验原理和各个步骤的理论依据，以便能灵活选择和应用，对同一种实验，我们同时编写了不同的操作方法，这对于初涉细胞与分子生物学的本科生、研究生在理解和选择实验操作方面会有很大的帮助。

　　生命现象的解释需要依据周密的实验设计、熟练的实验操作和可靠的实验结果。对于有志于医学生物学研究的年轻人，在掌握理论知识的同时，必须高度重视实验技能的提高，只有将理论与实验高度结合，才可能获得有价值的成果。本书是在多年教学、科研和实验室管理的基础上形成的，它不但可应用于医学和生命科学各专业的研究生和本科生的教学，同时也是广大医学和生命科学各领域工作者必备的、实用性极强的参考书。

　　由于编者水平有限和其他原因，书中如有不妥和错误之处，希望读者批评指正。

编　者

2023 年 1 月于上海

目　录

第一章 概 论

第一节

分子生物学实验室常规仪器及其使用方法

分子生物学技术是当今生命科学研究的重要手段。以分子生物学为理论基础、以基因工程为主导的生物技术，正以其巨大的活力推动着生命科学的飞速发展。

这些技术的建立和发展，除了需要良好的理论设计，还依赖优良的仪器设备。分子生物学技术的发展十分迅速，新技术、新方法不断涌现，在此仅介绍分子生物学实验室的常规仪器设备及使用方法。

一、可调式移液器

（一）可调式移液器的使用

分子生物学实验常进行微量操作且精度要求高，可调式移液器是分子生物学实验必不可少的常规器材，一旦损坏，就难以满足实验要求，因此必须掌握正确的使用方法，严格规范操作。

可调式移液器有多种类型，根据取样体积选择合适的类型。每种移液器均标有量程范围，且在手柄上有数字显示，如 $0.1\sim2.5\,\mu L$、$1\sim10\,\mu L$、$10\sim100\,\mu L$、$100\sim1000\,\mu L$ 等。取样体积数字随着于动螺圈的转动而变化，使用时不能转动到量程范围之外，否则将损坏移液器。移液器使用完毕后，调到最大量程处以防止弹簧失去弹性。

（二）可调式移液器的消毒

用于细胞培养或生物污染的可调式移液器往往需要消毒。移液器有的全支可耐受高压消毒;有的可将头部脱卸后,对脱卸的头部进行高压消毒。若未特别说明,大多数移液器是不能经受高压消毒的,需要时可用75%乙醇擦拭或用紫外线照射消毒。

(三)注意事项

使用移液器取样和加样时,按压和松开按钮的动作要平缓,不能过快。吸头要垂直浸入液面下足够深度,以免吸入空气,且吸头勿碰到试剂瓶或管壁。移液器极易被有机溶剂(如苯酚、氯仿及强酸、强碱)所腐蚀,应避免用移液器吸取上述试剂。

二、离心机

离心机是分子生物学实验室最常用的设备之一。无论是核酸或蛋白质的沉淀,细胞、细胞器及生物大分子的分离纯化,还是微量溶液的收集,均离不开离心机。离心机种类繁多、功能各异。一般分为低速离心机(6 000 rpm以下)、高速离心机(6 000~25 000 rpm)和超速离心机(25 000 rpm以上)。其中超速离心机又可分为分析型超速离心机、制备型超速离心机和制备/分析两用型超速离心机。各类离心机的应用范围见表1-1。

表1-1 各种类型离心机及其应用范围

离心机类型	性能			应用范围
	速度范围 (×1 000 rpm)	离心力 (×1 000 g)	真空系统	
低速离心机	2~6	6	无	细胞、细胞核
高速离心机	18~25	60	部分有	细胞、细胞器
超速离心机	40~80	600	有	病毒、核糖体、核酸、蛋白质

液体中的颗粒在离心力作用下产生沉淀或形成不同区带而分开,主要取决于颗粒的大小(d)、密度(ρ_p)和形状(f/f_0),介质的密度(ρ_m)和黏度(η),离心力($\omega^2 x$)及离心时间(t)。离心力场下颗粒的沉降速度用v表示。v可通过下列公式计算:

$$v = [d^2(\rho_p - \rho_m)/18\eta(f/f_0)] \times \omega^2 x \qquad (式1-1)$$

其中x为颗粒离开旋转中心的距离,即半径,以厘米(cm)为单位。离心条件有2种说明方法:一是相对离心力(relative centrifugal force, RCF)和离心时间;二是离心速度和离心时间,用此方法说明时,注意加上离心机的型号和转子型号。

RCF是指在离心力场中,作用于颗粒的离心力相当于地球引力的倍数。RCF可通过下列公式计算:

$$RCF = 1.118 \times 10^{-5} \times N^2 \times x \qquad (式1-2)$$

N 为转速,单位是 rpm;x 为转子半径(cm),可以从离心机说明书中查到。

(一) 离心转子(转头)和离心管

离心是通过离心转子的旋转来完成的。离心转子可分为固定角转子、垂直转子、水平转子、区带转子和洗脱转子等。可根据不同的离心方法和目的选择转子(表1-2)。

表1-2 各种类型的转子

转子类型	离心方法		
	差速	速率区带	等密度平衡
固定角转子	极好	差	好
垂直转子	无效	好	极好
水平转子	差	好	适当
区带转子	差	极好	适当

对于固定角转子、垂直转子和水平转子,样品均装在离心管中进行离心。离心管主要由玻璃、塑料或不锈钢制成,塑料离心管常用材料有聚乙烯(polyethylene,PE)、聚碳酸酯(polycarbonate,PC)、聚丙烯(polyporpylene,PP)等,其中 PP 管性能较好。不同离心管具有不同的速度承受力和化学耐受性。因此,需根据实验目的和方法选择不同的离心管。

(二) 离心机操作步骤

1. 台式高速离心机操作步骤

(1) 使用前必须先检查面板上的各旋钮是否在规定的位置上(即电源在"关"的位置上,定时器在"0"的位置上)。

(2) 接通电源,指示灯亮。

(3) 若需要低温,打开低温按钮,预冷离心机。

(4) 将欲离心的样品装在 1.5 mL 离心管中;若样品装在 0.5 mL 的离心管中,则可以先将其装在一个去盖的 1.5 mL 离心管中,然后用另一个 1.5 mL 离心管进行平衡,将 2 个等重离心管对称放入转头中,盖好离心机盖子。

(5) 设定离心时间。

(6) 设定转速或离心力,注意转速绝不能超过离心机限定的转速。

(7) 按运转按钮,并观察是否有异常,直到转速达到设定数值后操作人员方可离开。

(8) 运转到设定时间后,转头自动降速直至完全停止,转速显示为"0"。

(9) 转头完全停止后,打开盖门,取出离心管。

(10) 切断电源,各开关、旋钮复位。

2. 低速冷冻离心机操作步骤

（1）插上电源,待指示灯亮,打开电源开关。

（2）设定温度,打开制冷开关。

（3）平衡离心管,注意离心管需对称放置。

（4）设定离心时间。

（5）设定离心转速。

（6）待温度达到预设温度后,按控制面板上的运转键,离心机开始运转。转速达到预先设定的数值后操作人员方可离开。

（7）运转时间到达后,离心机开始减速直至完全停止,转速显示为"0"。

（8）按打开按钮,打开离心机,取出离心管。

（9）如后续实验不再使用,保持离心机盖子敞开,关闭离心机开关,切断电源,等待其内部冷凝水蒸发后再盖好离心机盖子。

3. 超速和制备型高速低温离心机操作步骤

（1）对于超速和制备型高速低温离心机,应事先将转子放在冰箱内预冷。转子预冷期间,转头盖摆放在实验台上或离心机的平台上,切勿不拧紧就浮放在转头上,因为一旦离心机被误启动,转头盖会飞出,造成事故。

（2）接通电源,打开电源开关,预热离心机 5 min。

（3）调节温度控制钮,指向所需温度。

（4）开启冷冻开关,预冷离心机腔至所需温度。

（5）将已仔细平衡好的装有样品的离心管对称地放入转子中,拧紧转头盖,将转子小心地安装于离心轴上,关上离心机腔盖。

（6）开启真空开关（超速离心机）。

（7）调节时间按钮,指向所需离心时间。

（8）调节速度旋钮至所需离心转速。

（9）待达到一定真空时,开启自动离心开关,开始离心。仔细观察各仪表指针的运转情况。待转速达到预设数值后操作人员方可离开。如加速过程中离心机发生摇动或指示系统出现故障,则应停机待修。

（10）当离心结束后,自动停机或按"STOP"按钮,停止离心。当速度指针退到"0"后,按冷冻开关,停止冷冻,并按真空旋钮,放空气进入真空室。打开腔盖,取出转子。

（11）关闭机盖按下"去霜"或"干燥"按钮,干燥离心机腔（超速离心机）。

（12）一般干燥 30 min 后,关闭离心机开关,切断电源。

（三）注意事项

（1）离心时,纤细的转轴支撑较重的转子在做高速旋转,因此必须严格平衡和对称放置。对于低速离心,若离心管无盖子,只能装 2/3 容量,否则会因溶液溢出造成不平衡而导致离心机损坏,甚至造成实验人员伤亡。

(2) 在将离心管放入转头前,检查转头或套桶的各个孔中是否有液体或固体污染。若有,需要彻底清除干净,否则同样会造成不平衡。

(3) 操作人员应预先接受培训或经技术人员指导,熟练后方能独立工作。

(4) 离心机的故障往往出现在升速初期,故尚未到预设数值时操作人员不可离开离心机;离心过程中,应随时注意仪表盘、声音有无异常,以便及时排除故障。

(5) 离心机的使用寿命主要取决于对仪器和转子的保养,操作人员要懂得保养和安全的有关知识。转子是离心机中需重点保护的部件,搬动时不能碰撞,避免造成损坏。一般转子损坏的主要原因是化学物质的腐蚀,尤其是铝转子,离心腐蚀性化学试剂(如苯酚)时,最好采用带套桶的转子。一旦发现转子有腐蚀现象,应立即停用,否则,转子炸裂可导致离心机腔破碎、断轴,甚至发生严重事故。

每个转子都有最高转速,离心转速不能超过限定的转速。如果转头内溶液的平均密度超过 $1.2\,g/cm^3$,离心时转子的最高速度要低于原限定转速。可根据以下公式计算得到实际最高转速进行离心,否则可能导致转子崩裂,以致损坏离心机。

$$M=\sqrt{1.2/S}\times N \qquad\qquad (式1-3)$$

S:溶液密度;N:转子最高转速;M:密度为 S 时的最高转速。

(6) 使用水平转子时必须注意吊桶的凹槽与转子上的突出完全对准,将转子挂牢。否则会因吊桶脱落发生事故,损坏离心机。平衡离心管时不要将吊桶取出做离心管支架。如果样品体积只需一对吊桶,则另外几对空吊桶也要同时对称挂上,所有吊桶与转子应一起离心。

(7) 开机运转前务必拧紧转头的压紧螺帽,防止高速旋转的转头飞出;也不得在机器运转过程中或转头未停稳的情况下打开盖门,以免发生事故。

三、电泳仪

除了可调式移液器和离心机,分子生物学实验常见的另一种仪器是电泳仪(电泳电源),目前常用的电泳仪为稳压/稳流电源。所谓稳流电源是指当输入电压、负载电流和温度发生变化时,输出电流保持不变的电源。稳压电源则指输出电压保持不变。将稳压电源和稳流电源组合在一起即成为稳压/稳流电源。但对于任何给定的负载电阻来说,组合电源或作为稳流电源,或作为稳压电源,只能任选其一,不能同时既稳流又稳压。

(一)电泳仪操作步骤

(1) 在接通总开关前,先将电泳槽 2 个电极的红、黑连线与电泳仪相应的红、黑输出端连接好,红线与红端连接,黑线与黑端连接。

（2）在接通总开关前,根据实验要求选择好稳压或稳流工作状态,在电泳仪工作过程中,切勿变换稳压或稳流方式!

（3）先将数据选择调到最低,接通总开关后,再调节到所需电压或电流。仪器工作时,人体不能同时接触红、黑输出端的裸露部分,以免触电!

（4）当电泳结束后,将各旋钮旋至零位或使开关处于关闭状态,断开总电源并拔出电泳插头后才能操作电泳槽。

（5）使用过程中若发现异常现象,如较大的噪音、放电或异常气味等,需立即切断电源,并请专业人员检修。因存在高压危险,切勿随意打开机壳。

（二）注意事项

稳压/稳流电源要在接上负载前选定,在电泳期间不能切换稳压/稳流按钮,否则会损坏电泳仪。此外,若发现电泳槽的正、负极接错,切不可在未关电源的情况下调换正、负极,否则会发生触电和烧坏电泳仪。每个电泳仪均有最高输出电压和所能承受的最大电流负载,注意不能超载。

四、紫外可见分光光度计和紫外检测仪

分光光度法(spectrophotography)是利用物质特有的吸收光谱来鉴别物质或测定其含量的一项技术。有色物质的显色,是由于其对光线的吸收具有选择性。在分光比色分析中,有色物质溶液颜色的深度取决于入射光的强度、有色物质溶液的浓度和液层的厚度。当一束单色光透过有色物质溶液时,溶液的浓度越高,透过液层的厚度越大,入射光越强,则光线的吸收越多,光线强度的减弱也越显著。朗伯-比尔定律(Lambert-Beer's law)是分光光度法进行比色分析的基本原理。即 $A = KbC$,其中 A 为吸光度,C 为溶液浓度(mol/L),b 为透光液层厚度(cm),K 为比例常数,称为"吸收系数"或"消光系数"。K 值与多种因素有关,包括入射光波长、温度、溶剂性质及吸收物质的性质等。

生物大分子核酸和蛋白质中的共轭结构,均具有一定的吸收紫外线特性,因此可利用紫外分光光度法测量它们的浓度。核酸和蛋白质在 $230 \sim 300\ nm$ 波长有较强吸收,核酸的最大吸收波长为 $260\ nm$,而蛋白质的最大吸收波长是 $280\ nm$。在波长为 $260\ nm$ 处,光程(透光液层厚度)为 $1\ cm$ 时,双链 DNA 的浓度($\mu g/mL$)$= 50(\mu g/mL) \times A_{260} \times$ 稀释倍数;单链 DNA 和 RNA 的浓度($\mu g/mL$)$= 40(\mu g/mL) \times A_{260} \times$ 稀释倍数;寡核苷酸的浓度 $= 33(\mu g/mL) \times A_{260} \times$ 稀释倍数。

蛋白质分子中酪氨酸和色氨酸残基的苯环含有共轭双键,因此蛋白质也具有吸收紫外线的性质,吸收高峰在 $280\ nm$ 波长处。在此波长处,蛋白质溶液的吸收值(A_{280})与其含量成正比关系,可用作定量测定。用紫外线吸收法测定蛋白质含量的优点是迅速、

简便、不消耗样品，以及不受低浓度盐类干扰。但如果样品中含有嘌呤、嘧啶等吸收紫外线的物质，则会出现较大的干扰。因此，通常情况下，蛋白质浓度多采用双缩脲法、Folin-酚测定法和考马斯亮蓝等各种染色法进行测量。

（一）722 型分光光度计

722 型分光光度计是以卤钨灯为光源，衍射光栅为色散元件，端窗式光电管为光电转换器的单光束数显式分光光度计，其波长范围为 360～800 nm。操作步骤及注意事项如下。

（1）预热仪器。将灵敏度调节装置置于"1"档，将选择开关置于"T"档，打开电源开关，使仪器预热 20 min。预热仪器时和不测定时，应将试样室盖打开，使光路切断，避免连续光照，防止光电管损耗。

（2）根据实验需要，转动波长调节器，选定所需要的单色光波长。

（3）调节 T＝0％。在试样室盖打开的状态下，轻轻旋动"0％T"旋钮，使显示器显示为".000"。

（4）调节 T＝100％。将盛有参比溶液（如去离子水或空白溶液、纯溶剂）的比色皿放入比色皿座架中的第一格内，待测溶液放在其他格内；轻轻盖上试样室盖子，调节"100％T"旋钮，使之显示为"100.0"。如果显示不到"100.0"，则需要增大灵敏度档；当灵敏度档改变后，需重新校正"0％"，然后再调节"100％T"旋钮，直至显示为"100.0"。

（5）样品吸光度测定。稳定显示"100.0"投射比后，将选择开关置于"A"档，保证参比溶液置于光路中，此时吸光度显示为".000"；否则需调节吸光度调节旋钮，使数字显示为".000"。将盛有待测溶液的比色皿推入光路，此时数字显示值即为该待测溶液的吸光度值。

（6）样品浓度测定。将选择开关由"A"档旋至"C"档，将已知浓度的溶液推入光路，调节浓度旋钮，使数字显示器显示为标定值，再将被测溶液推入光路，此时数字显示值即为该待测溶液的浓度值。

（7）关机。仪器使用完毕，切断电源，将比色皿取出洗净，并将比色皿座架及暗箱用软纸擦净。注意每台仪器所配套的比色皿，不可与其他仪器上的比色皿单个调换。

（二）超微量紫外/可见分光光度计

目前全自动全波长分光光度计（波长范围：200～900 nm）仅需 0.5～2 μL 的微量样品即可进行测量，不仅可用于测量 DNA、RNA 的纯度、浓度，也可以测量蛋白浓度。有微量液滴（nanodrop）检测法、比色皿和酶标仪多孔检测法。超微量检测仪的样品用量少、测量范围广、精确度高、重现性好，而且操作简便、容易清洁，已得到广泛使用。

（三）紫外检测仪

核酸电泳后可以与预先加在琼脂糖凝胶中的荧光染料结合，或电泳后进行染色。

在染料嵌入核酸碱基平面之间后,核酸样品在紫外线激发下,可发出红色荧光。使用分子量已知的标志物(marker)做对照,可以估计样品的分子量大小。用标准分子量与它们的迁移率作图,得出标准曲线,在测得样品迁移率后,可查得样品分子量大小。另一方面,核酸与染料结合后,所发出的荧光强度与核酸含量成正比。用一系列已知不同浓度的 DNA 条带做标准对照,可比较出被测 DNA 条带的浓度。

由于紫外线对核酸有破坏作用,应尽量缩短照射时间和采用 312 nm 波长紫外线。此外,紫外线对人的眼睛有很强的损伤,在紫外检测仪上观察电泳条带时,一定要戴上紫外线防护面罩并盖上检测仪上的面板。

五、超净台

细胞培养和要求较高的聚合酶链反应(polymerase chain reaction,PCR)实验均要用到超净台。超净台有垂直层流型和平行层流型 2 种,生物安全超净台多采用垂直层流型。超净台由高效空气过滤器、中效空气过滤器、通风机、电气控制和操作台等组成,室内空气在通风机的作用下,经过滤器后形成洁净空气,呈垂直层流状送至工作区域。超净台的台面用紫外灯消毒,也可用乙醇消毒。超净台工作区域是靠吹出的洁净空气来保持无菌状态的,因此,工作时一定要开启通风模式。一般需提前 15~30 min 开启通风模式,打开紫外灯。超净台每年需进行一次检测。

六、通风柜

通风柜的最主要功能是排气,在分子生物学实验室里主要用于试剂的配制。实验操作时可能产生各种有害气体、臭气、湿气,以及易燃、易爆、腐蚀性物质,为了保护操作人员的安全,防止实验中的污染物质向实验室扩散,需使用通风柜。通风柜需要一定的风速,通常规定配制一般无毒的污染物时风速为 0.25~0.38 m/s,配制有毒或有危险的有害物时风速为 0.4~0.5 m/s,配制剧毒或有少量放射性污染物时风速为 0.5~0.6 m/s,配制气状物时风速为 0.5 m/s,配制粒状物时风速为 1 m/s。通风柜的台面、衬板、侧板及选用的水嘴、气嘴等都应具有防腐功能。在实验中使用硫酸、硝酸、氢氟酸等强酸时,还要求通风柜的整体材料必须防酸碱腐蚀,须采用不锈钢或聚氯乙烯(polyvinylchloride,PVC)材料制造。

七、微波炉

微波炉是分子生物学实验室里用于液体加热、固体融解和器皿消毒的常用设备。在使用微波炉前,要了解不同类型材料对微波加热的不同反应。金属材料因反射微波能量而不被加热,如实验室常用的铝箔包装,不但加热无效,还会引起铝箔燃烧爆炸。

核酸溶液不要用微波炉加热,以防止对核酸链的破坏。需要加热的液体常装在瓷坩埚、玻璃器皿或聚四氟乙烯制作的容器中,然后放入微波炉内加热。微波炉加热物质的温度不能用一般的水银温度计或热电偶温度计来测量。

微波炉使用注意事项如下。

(1) 当微波炉工作时,勿于门缝置入任何物品,特别是金属物体;切勿贴近炉门或从门缝观看,以防止微波辐射损伤眼睛。

(2) 不要在微波炉内烘干布类、纸制品类,因其含有容易引起电弧和着火的杂质。

(3) 切勿在微波炉内使用密封的容器,以防容器爆炸。

(4) 玻璃和塑料器皿虽不被直接加热,但这些器皿也会随装在其中的液体温度的升高而被加热,所以取出时必须用隔热手套或垫子,以防烫伤。

(5) 如果微波炉内着火,请紧闭炉门,并按停止键,然后拔下电源。

(6) 经常清洁微波炉内部,使用温和洗涤液清洁炉门及绝缘孔网,切勿使用具有腐蚀性的清洁剂。

八、电热恒温水浴(槽)

电热恒温水浴(槽)用于保温、加热、消毒及蒸发等。使用方法和注意事项如下。

(1) 关闭水浴槽底部外侧的放水阀门,向水浴槽中注入去离子水至适当的深度。加去离子水是为了防止水浴槽体(铝板或铜板)被侵蚀。

(2) 打开电源开关,接通电源,调节设定温度。

(3) 待指示温度到达所需温度后使用,并注意保持温度的稳定。

(4) 使用完毕,关闭电源开关,以防水挥发后发生事故。

(5) 水浴槽内的水位绝不能低于电热管,否则电热管将被烧坏。

(6) 使用过程中应随时盖上水浴槽盖,防止水箱内的水被蒸干。

九、杂交炉

杂交炉主要由控温、杂交管、杂交管支架和转轴组成。杂交管的使用省去了杂交袋的封口和泄漏,也节省了杂交液体积。杂交炉靠空气传热,因此,须在使用前 45 min 左右进行预热,预杂交液和杂交液也要预热。在杂交炉中的杂交管是水平放置的,要求严格密封,放入杂交炉前要检查是否漏液。

十、蒸汽高压锅

分子生物学实验室常用的灭菌器械有蒸汽高压锅、紫外灯、干烤箱和过滤器等,其中蒸汽高压锅最常用。蒸汽高压锅的操作人员需要培训后持证使用该仪器。

（一）操作步骤

（1）灭菌前将每个容器上贴上高压灭菌的标签,同时在标签上写上灭菌日期。灭菌后标签会显出图案或发生颜色改变,由此表明该容器内的物品已灭菌。

（2）在高压锅内加入去离子水至水位刻度。

（3）在内锅中放好预消毒物品,如消毒物品为液体,则液体不能超过容器体积的3/4,容器盖子必须插上透气针头或垫上棉绳通气,这样才能在减压时瓶内压力也同时下降,否则会引起爆炸和液体爆出使操作人员烫伤。

（4）没有装液体的试管和瓶子也不要完全盖紧。

（5）检查垫圈是否完好,加盖后将各螺栓放正拧紧,加热时先将放气阀打开待冷空气排完后关闭。

（6）检查保险阀是否完好。

（7）设好压力,一般为101 kPa(或温度121℃)。

（8）调好灭菌时间:器械、器皿 10～15 min,液体 20～40 min。

（9）灭菌结束,切断电源自然冷却降压,待压力表指针回归零时,将放气阀打开,待压力平衡后方可开盖。

（二）注意事项

（1）液体类消毒后一定要等自然降压后方可打开放气阀,否则易发生液体喷出或引发爆炸。

（2）高压后液体仍然处于高温,取出时要注意防护,以免烫伤。

（3）高压消毒过程如有异常情况发生,如异常声音、气味或冒烟等,应立即切断电源。

（4）许多物品(如塑料品和化学品)不耐高温,不能采用高压消毒。蒸汽高压锅也不能用于消毒任何有破坏性的材料,包括爆炸性物质、可燃性物质、氧化剂和易燃物质等。

（5）含有盐分的液体漏出或溢出时,一定要清洁干净,以免堵塞阀门。

（6）不要在燃烧性气体附近使用蒸汽高压锅。

十一、电炉

电炉是实验室的加热仪器,用于加热器皿中盛放的液体。电炉按功率大小可分为500～2 000 W 多种规格,使用的电压一般为 220 V。电炉使用的连续时间不应过长,以4 h 内为宜。电炉的使用注意事项如下。

（1）注意防止高温对人体的辐射。

（2）熟悉高温装置的使用方法,并细心地操作。

（3）按照操作温度的不同,选用合适的容器材料和耐火材料。

（4）有些耐火材料在高温下的导电性增强,此种情况下勿用金属棒之类的物品去接触电炉材料,以免触电。

（5）使用的手套必须是干燥和不易吸水的类型。

（6）液体加热时容器不得放太满,防止沸腾后产生迸溅。

（7）使用过程中,操作人员不得离开电炉。

十二、烘箱

烘箱又称恒温干燥箱,适用于烘焙、干燥、老化、分解和保持恒温等实验。烘箱的热量来自设在箱腔底或后方的发热元件。一般烘箱都装有自动控制温度系统,箱外有调节钮,当旋到某一指定温度时,传感元件能根据箱内温度来控制电源开关。烘箱的使用注意事项如下。

（1）待烘干的样品不应直接放在隔板上,也不要用塑料或纸衬垫,应放在玻璃器皿或瓷质器皿里,最好放在金属网篮中。

（2）烘箱在不开鼓风时传热很慢,必须保留足够的上下传热空间,否则,烘箱底部的加热无法传到上层温度计的地方,易造成过度加热,引起被烘烤的样品烧坏,甚至造成事故。

（3）烘箱主要应用于烘干实验器皿。烘箱内不应放易燃、易爆物质,也不应放对金属有腐蚀性的酸、碱或强氧化物质。

十三、酒精灯

酒精灯的火焰温度在600℃左右,适用于温度不太高的实验。酒精灯由灯体、陶瓷芯头（附灯芯）和灯帽3部分组成。灯体中的酒精通过毛细作用使灯芯润湿。使用时根据需要用镊子调节外露灯芯的多少,以控制火焰的大小。酒精灯的使用注意事项如下。

（1）点燃酒精灯时,切勿用已燃着的酒精灯去点燃其他酒精灯。

（2）用灯帽盖住灯焰来熄灭酒精灯,不能用嘴去吹灭。

（3）添加酒精时必须熄灭火焰,拔出陶瓷芯头,用漏斗添加,酒精体积不应超过瓶体的2/3。

（4）酒精灯不用时要盖上灯帽,以防止酒精挥发。

十四、电子天平

现有各种称量规格的电子天平,如1000 g、100 g、1 mg和0.1 mg等。电子天平应放在无震动、无气流、无热辐射、不含腐蚀性物质的环境中。接通电源前,确保操作开关处于"OFF"处。在预热 30～60 min 后,用标准砝码检查以保证称量的准确性,如有误差需立即校正。使用电子天平时必须注意保持清洁,否则会腐蚀表面。另外,称量物品不能超过天平量程,以免造成天平损坏。

电子天平具有结构简单、方便实用、称量速度快等特点,应用广泛。电子天平种类繁多,无论是国产的,还是进口的;量程大的,还是量程小的;精度高的,还是精度低的,其基本构造原理都是相同的,是利用电磁力平衡原理进行设计的。电子天平的使用方法如下。

（1）调水平:在开机前,首先观察水平仪内的空气气泡是否在圆环中央。若不在中央,调整地脚螺栓高度,使气泡位于圆环中央。

（2）开机:接通电源,按开关键"ON/OFF",直至全屏自检。

（3）预热:为了获得精准的测量结果,电子天平在初次接通电源或长时间断电后,至少需预热 30 min。

（4）调零:放上器皿（或称量纸）,按"去皮"键清零,使天平重新显示为零。

（5）称重:在器皿内加入样品直至显示所需重量为止,显示数据稳定后记录读数,如有打印机可按打印键完成。

（6）关机:天平应一直保持通电状态,不使用时将开关键调至待机状态。

（7）清洁卫生:称量完毕后,用软刷子清除残留的样品。

十五、pH 计

pH 计又称酸度计,用来测量待测溶液的 pH 值,是教学和科研中常用的测量仪器。虽然 pH 计的种类有很多,但都由两部分组成:主机和复合电极。

pH 计是精密仪器,测量过程会受很多因素的影响。使用 pH 计时需要注意以下几点:①仪器要提前预热 30 min;②测量前 pH 计必须用标准液进行校准,选定合适的标准液,进行两点法校正;③电极不能用于测量强酸、强碱或其他腐蚀性溶液;④标准液和待测溶液要在室温平衡一段时间;⑤在 pH 计使用过程中要注意保护好电极;⑥平时要将电极浸泡在 3 mol/L 氯化钾饱和溶液中。

下面以 UB-7 型 pH 计为例来说明其操作步骤。

（1）打开仪器的电源,预热 30 min。

（2）在测量之前对仪器进行校正,按"SET UP"键,屏幕显示"CLEAR",按"ENTER"键确认,以清除之前存储的校准数据。

（3）通常用两点法进行校正。按"SET UP"键,直到显示所需要的缓冲液组（如 4.01,6.86）,按"ENTER"键确认。

（4）将电极用去离子水清洗后,用滤纸轻轻地把电极头部吸干,然后浸入第一种标准缓冲液（6.86）中轻轻搅拌均匀，直到显示数值稳定；当屏幕左侧出现"S"时按"STANDARDIZE"键，仪器开始校准，数值将作为第一校准点数值被贮存，屏幕下方显示"6.86"，屏幕正中会闪现斜率值（第一个点为100％）。

（5）用去离子水冲洗电极，用滤纸轻轻吸干电极上的水后，将电极浸入第二种标准缓冲液（4.01）中轻轻搅拌均匀，直到显示数值稳定；当屏幕左侧出现"S"时按"STANDARDIZE"键，仪器开始校准，之后屏幕正中闪现斜率值，如该值在90％～105％范围内，则仪器接受测量值并作为第二校准点被贮存，屏幕下方显示"4.01，6.86"，并出现"OK"提示；如果测量值超出范围，则在屏幕下方显示"ERROR"，提示错误，校准无法继续进行。此时，需要通过清洗电极、更换缓冲液等方法纠正错误，重新校准。

（6）校准完成后，用去离子水清洗电极，用滤纸轻轻吸干电极上的水后，把电极浸入待测样品中，轻轻搅拌均匀，等到pH计显示的数值稳定且屏幕左侧出现"S"时，即是待测样品的pH值。

（7）有多个样品测量时，每测一个样品后都需要用去离子水清洗电极。

（8）样品测量完毕后，必须将电极清洗干净，用滤纸吸干后放置于氯化钾饱和溶液中。

十六、高压气体钢瓶

高压气体钢瓶是为贮存压缩气体特制的耐压钢瓶。使用时，通过减压阀（气压表）有控制地放出气体。由于高压钢瓶的内压很大（有的高达15 MPa），而且有些气体易燃或有毒，所以在使用高压钢瓶时要注意安全。

使用高压钢瓶的注意事项如下。

（1）钢瓶应存放在阴凉、干燥、远离热源（如阳光、暖气、炉火）处，并且要严禁明火，防曝晒。可燃性气体钢瓶必须与氧气钢瓶分开存放。除不燃性气体钢瓶外，其他钢瓶一律不得进入实验楼内。使用中的钢瓶要直立固定在特制的气柜中。

（2）绝不可使油或其他易燃性有机物沾在钢瓶上［特别是气门嘴和减压阀（气压表）处］。也不得用棉、麻等物堵漏，以防燃烧引起火灾。

（3）钢瓶必须连接减压阀，经降压后再流出使用，不能直接连接钢瓶阀门使用气体。任何气体的减压阀用过后，都不能再用作其他气体的减压阀，以防爆炸。

（4）不可将钢瓶内的气体全部用完，一定要保留0.05 MPa以上的残留压力。如存放的是可燃性气体（如乙炔）时，应保留0.2～0.3 MPa的残留压力。

（5）为了避免各种钢瓶混淆而用错气体，通常在钢瓶外涂以特定颜色以便区分，并在瓶体标明瓶内气体。

（6）氧气虽然不是易燃物，但助燃性强，因此氧气钢瓶一定不能接触污物、有机物。

（7）钢瓶附近必须有合适的灭火器，且工作场所通风良好。

（8）经常检查压力调节器是否符合下述技术条件：①无压力时两表读数都应为零。②开钢瓶阀门，调松螺旋后，应读出钢瓶最高压力。③关上输入针形阀，在 5～10 min 内，输出压力表的压力不应上升，否则表明内部阀门有漏气处。④顺时针方向转动调节螺旋，应指出正常输出压力；如达不到，表示内部有堵塞，稍后输出压上升，称为缓慢现象。呈现缓慢现象的调节器不能使用。⑤关上钢瓶阀门，在 5～10 min 内输入或输出压力均不应有变化；如下降，表明有漏气处，可能在输入管、针形阀、安全装置隔膜等处。

第二节

实验室基础操作技术

实验基础操作技术是指在分子生物学实验中使用范围最广、使用频率最高、几乎所有实验都要应用的技术。掌握分子生物学实验的基础操作，是在生物学、医学各学科研究中应用分子生物学技术、设计相关实验、提高研究水平的重要基础，也是从事生物学研究的必备技能。本节主要介绍与分子生物学实验有关的灭菌和除菌技术、无菌操作技术、微量操作技术、试剂保存和分装技术，以及常用试剂的配制等。

一、灭菌和除菌

一般来讲，进行细胞和分子生物学实验所需的试剂和耗材都应该是无菌的。

（一）试剂的灭菌和除菌

1. 高压灭菌

在 103.4 kPa（≈1.05 kg/cm^2）蒸汽压力下，温度达到 121.3℃，维持 15～30 min，可杀死包括芽孢在内的所有微生物，是最可靠、应用最普遍的物理灭菌法，主要用于耐高温的试剂。

（1）原则：确定试剂在高温和高压作用下成分仍能保持稳定。

（2）方法：①将装有试剂的容器放在高压灭菌锅里，在高温和高压下维持一定时间，通常为 15～30 min；②试剂容器的盖子一定要稍旋松；③试剂容器内的试剂体积不超过容器总容积的 3/4；④试剂容器上贴上高压灭菌指示条，注明灭菌日期和物品保存时限，一般可保存 1～2 周。

（3）禁用：各种细胞培养基、血清、抗体和易燃易爆试剂等。

2. 过滤除菌

利用滤膜过滤去除细菌的方法,主要用于血清、抗生素等不耐热试剂,常用的滤菌器有薄膜滤菌器(0.22 μm孔径)。

(1)原则:需要除菌的不耐热试剂。

(2)方法:①将一次性滤菌器头和一次性无菌注射器配套使用来过滤除菌。先将待过滤溶液吸入注射器,然后通过压力使溶液经过滤头(其中含有孔径为0.22 μm的滤膜)进入无菌容器。②过滤溶液体积大时可考虑真空驱动抽滤。

(二)耗材的灭菌和除菌

细胞培养所需的培养瓶、培养皿和吸管等耗材多使用一次性用品。有些反复使用的玻璃耗材需要经浸泡硫酸处理,目前已经较少使用。细胞培养使用的其他耗材(如移液器吸头等)和用于分子生物学的耗材一般均需无菌处理。

1. 高压灭菌

高压灭菌是最可靠、应用最普遍的物理灭菌法。

注意事项:①高压锅内的物品不要排得太密,以免妨碍蒸汽透入,影响灭菌效果;②高压前耗材上贴上高压灭菌指示条,注明灭菌日期和物品保存时限。

2. 紫外灯灭菌

通过紫外灯的照射,破坏及改变微生物的DNA结构,使细菌当即死亡或不能繁殖后代,达到杀菌的目的。紫外灯灭菌属于纯物理消毒方法,具有简单便捷、广谱高效、无二次污染的优点。一般不能用于高压消毒的物品和场所可以用此方法,如超净工作台、细胞培养室等。一般需紫外灯照射半个小时左右。

二、无菌操作

细胞培养的所有操作都应该严格按照无菌操作的要求进行。分子生物学的大部分实验也应该遵循无菌操作的原则,例如酶切反应和PCR等。

(一)细胞培养

细胞培养的所有操作均应在超净台或生物安全柜内进行。操作前需用75%乙醇擦拭台面,紫外灯照射台面30 min,同时提前通风20 min。关闭紫外灯后,保持通风状态,准备好此次操作所需的试剂,按使用优先次序摆放。如果是在超净台内操作,点燃酒精灯,所有操作均应靠近酒精灯完成。吸取液体时应尽量避免碰触瓶口。操作结束,收好所有试剂,用75%乙醇擦拭台面,紫外灯照射台面20 min。

(二)细菌培养

虽然细菌培养的无菌操作要求没有细胞培养那么严格,但是在制备细菌培养的平板、挑菌落、划板等时也要求在超净台或生物安全柜内进行,并保证严格的无菌操作,这是为了保证没有杂菌污染样品。

（三）分子生物学实验

如无特殊要求，一般的分子生物学实验均可在实验室内的台面上操作，无须在超净台或生物安全柜内进行。进行实验前，用75％乙醇擦拭台面，准备好此次操作所需的试剂和耗材（均应是无菌的），操作过程中尽量减少移动。

三、微量操作

在分子生物学实验中，试剂的用量往往很少，液体常只用 $1\,\mu L$，甚至更少；固体可用到 μg，甚至 ng。因此，规范的微量操作非常重要。

掌握微量称量器具的使用方法很重要。微量电子天平和微量移液器是最常用的两种微量称量器具。实验前，要掌握并熟练使用这两种器具。

准确的称量或者量取是实验的关键。通过经常量取，对于 $0.5\,\mu L$、$0.2\,\mu L$ 会有一个直观的认识，大概在 $10\,\mu L$ 吸头的尖部可见液体。注意吸头外面不要沾有液体，需要特别注意的是在打开试剂管的盖子前必须先短暂离心，然后再打开盖子进行分装和取样。

一些酶切实验、PCR 实验和酶反应实验等，至少需要 2 种以上成分并且各个成分都是微量的。准确地量取各个成分后，正确地加入反应管也很重要。各个成分加好以后，经涡旋振荡器充分混匀，再短暂离心，使沾在管壁的液体全部离心到管底。

四、试剂保存和分装

（一）试剂的保存

所有试剂尤其是一些贵重药品需严格按照说明书合理保存。保存条件一般为常温、4℃冰箱、−20℃冰箱、−80℃冰箱和液氮罐，以及必要时的避光保存等。常用实验室试剂的保存条件见表1-3。

表1-3 实验室常用试剂的保存条件

试　　　剂	保存条件
大部分缓冲液	常温
细菌培养基、细胞培养基和部分抗体等	4℃冰箱
大部分抗体、血清和各种酶等	−20℃冰箱
冻存细菌和纯化蛋白等	−80℃冰箱
冻存细胞和组织等	液氮罐

（二）试剂的分装

实验室内包装量大且每次用量小的试剂都应该分装成小体积保存。分装保存有利于使用、避免污染，以及避免反复冻融造成试剂降解等。通常需要分装的试剂有抗体、血清、分子量 marker 和酶等。需要特别注意的是，在打开试剂管的盖子前必须先短暂离心，然后再打开盖子进行分装和取样。

五、常用电泳技术

电泳技术是分子生物学实验不可缺少的常用分析手段。电泳是指带电颗粒在电场作用下向着与其电性相反的电极移动。生物大分子核酸和蛋白质均带有电荷，可通过电泳进行分离、纯化和鉴定。带电颗粒在电场中的泳动速度与本身所带电荷的数量、颗粒的大小和形状有关。一般而言，颗粒所带净电荷数量越多、颗粒越小、越接近球形，则在电场中的泳动速度越快；反之，越慢。被分离颗粒泳动速度除受本身性质影响外，还与其他外界因素有关。这些因素包括所加电场强度、溶液的黏度、电极缓冲液的 pH 值和离子强度等。

（一）琼脂糖凝胶电泳

琼脂糖是半乳糖及其衍生物构成的中性物质，不带电荷，为目前常用平板电泳支持物，多用于分离、鉴定核酸。在琼脂糖凝胶中，DNA 片段的迁移距离与其分子量的对数成反比，较小 DNA 片段的迁移比较大 DNA 片段的迁移快。一定大小的 DNA 片段在不同浓度的琼脂糖凝胶中，电泳迁移率不同。要有效地分离大小不同的 DNA 片段，需要选用适当的琼脂糖凝胶浓度。不同浓度的琼脂糖凝胶适宜分离 DNA 片段大小范围见表 1-4。

表 1-4　琼脂糖凝胶与 DNA 大小的关系

琼脂糖浓度（%）	DNA 大小（kb）
0.5	1～30
0.7	0.8～12
1.0	0.5～10
1.2	0.4～7
1.5	0.2～3
2.0	0.1～2

琼脂糖凝胶制备时，首先要注意调节微波炉的功率和加热时间，加热后若发现溶液不是完全澄清，有悬浮小颗粒，则应继续加热直至溶液清澈，但不能加热过度，否则会因水分的蒸发而使溶液的体积减小，凝胶的浓度变大，甚至可能造成溶液沸溢出来。加好

凝胶溶液的平板需水平放置30～40 min完成凝固,低熔点琼脂糖凝胶所需时间更长,可放在4℃冰箱中加速凝固。随着凝胶体积的增大,凝固所需时间应适当延长。

(二) 聚丙烯酰胺凝胶电泳

聚丙烯酰胺凝胶电泳可根据电泳样品的电荷、分子大小及形状的差别达到分离目的。这种介质兼具分子筛效应和静电效应,分辨力高于琼脂糖凝胶电泳,适用于低分子量蛋白质和寡聚核苷酸的分离。不同浓度的聚丙烯酰胺凝胶适宜分离DNA片段大小范围见表1-5。

表1-5 聚丙烯酰胺凝胶浓度与DNA片段大小的关系

聚丙烯酰胺凝胶浓度(%)	DNA 大小(bp)
3.5	1 000～2 000
5.0	80～500
8.0	60～400
12	200～400
15	25～150
19	<25

聚丙烯酰胺凝胶的制备要比琼脂糖凝胶复杂。虽有商业化的丙烯酰胺凝胶板,但价格比较贵,一般是实验人员自己制胶。首先需要选择合适的凝胶厚度,凝胶厚度由凝胶板边条和梳子的厚度决定。样品浓度较高、加样体积较小时,可选用厚度为0.75 mm或1.0 mm的胶。如果需分离的蛋白溶液体积较大,可选用1.5 mm的胶。凝胶制备完成后可立即使用。如果一次制备多块胶板,可将制好的胶板取出玻璃板夹心,保留梳子,用湿布包好,装入塑料袋,在4℃冰箱中可保存约2周。

注意事项:未聚合的丙烯酰胺及甲叉双丙烯酰胺有神经毒性,制胶时要戴手套。

六、实验室废弃物的处理

实验室废弃物均需按照有关规定放置在正确的生物废弃物垃圾箱中,经管理部门统一处理。每个实验室都有自己的规定,无论是科研还是教学都需遵守这些规定。

实验室垃圾主要分为2类:有生物学危害垃圾和无生物学危害垃圾。无生物学危害垃圾可以直接扔进生物废弃物垃圾箱。有生物学危害垃圾有不同的处理方式,例如培养细菌的菌液和平板、各类细胞实验的液体废物等均需高压灭菌后按生物废弃物统一处理。

七、试剂配制

试剂的配制是完成实验的前提,正确配制、分装和保存试剂是实验人员必需的基本技能,以下主要介绍配制试剂的基础材料、常用试剂的配制及试剂的安全保管常识。

(一) 超纯水、蒸馏水和去离子水的区别

天然水中通常含有不同种类的杂质,如各种微生物、有机物及钠离子(Na^+)、钾离子(K^+)、氯离子(Cl^-)、碳酸氢根离子(HCO_3^-)等各种电解质和各种可溶性气体,以及其他颗粒物等。要得到纯净的水,就需要通过不同手段去除这些杂质。

(1) 超纯水:超纯水在制备过程中不仅把水中的导电介质几乎完全去除,而且还要去除水中不离解的有机物、胶体和气体等,是纯度最高的水。超纯水的电阻率 $>$ 18 MΩ·cm,常用于高灵敏度的分析和精密的测量。

(2) 蒸馏水:利用水中各混合物挥发程度的不同,将水加热、汽化、冷凝后得到的水。双蒸水是经过 2 次蒸馏冷凝后得到的水,纯度比较高,是常规实验分析常用的水。

(3) 去离子水:只去除了水中的离子。把要处理的水通过氧离子交换树脂,水中的氧离子被树脂吸收,而树脂上原本的氢离子(H^+)则被置换到水中;再将此处理的水通过阴离子交换树脂用树脂上的氢氧根离子(OH^-)交换水中的阴离子,经过这样处理的水即为去离子水。

(二) 化学试剂纯度分级

我国的化学试剂规格基本上按杂质含量的多少进行纯度的划分,可分为优级纯、分析纯、化学纯和实验试剂 4 种规格。配制溶液时应根据实验要求选择不同规格的试剂(表 1-6)。

表 1-6 化学试剂纯度分级

纯度等级	颜色标签	纯 度	应 用
优级纯(G.R.)	绿色标签	纯度高(99.8%)	适用于精确分析和研究工作
分析纯(A.R.)	红色标签	纯度较高(99.7%)	适用于重要分析和一般研究工作,广泛应用于实验分析
化学纯(C.P.)	蓝色标签	纯度($\geqslant$99.5%)	适用于工矿专业的一般性化学实验分析
实验试剂(L.R.)	黄色标签	纯度低,但高于工业用试剂	适用于一般定性分析

(三) 试剂配制的注意事项

(1) 称量要准确,特别是在配制标准溶液和缓冲液时,更应注意准确称量。

（2）一般溶液均用蒸馏水或去离子水配制，有特殊要求的除外。

（3）试剂（特别是液体）一经取出，不得放回原瓶，以免污染原瓶试剂。

（4）配好试剂后，应贴标签，写明试剂名称、浓度、配制日期和配制人等信息。同时要注意所配试剂的贮存条件（室温、4℃或－20℃保存），还需注意容器的选择（棕色瓶、塑料瓶或常规试剂瓶等）。

（四）常用试剂的配制

（1）10 mg/mL 牛血清蛋白（bovine serum albumin，BSA）溶液：加 100 mg 的牛血清蛋白于 9.5 mL 双蒸水中（为减少变性，需将蛋白加入水中，而不是将水加入蛋白），盖好盖子后轻轻摇动，直至牛血清蛋白完全溶解，不要涡旋混合。加双蒸水定容至 10 mL，再摇动混匀后分装成小份，贮存于－20℃冰箱中。

（2）1 mol/L 二硫苏糖醇（dithiothreitol，DTT）溶液：在 DTT 5 g 的原装瓶中加 32.4 mL 双蒸水，混匀后过滤除菌，分装成小份，贮存于－20℃冰箱中。DTT 或含有 DDT 的溶液不能进行高压灭菌。

（3）1 mol/L 4－羟乙基哌嗪乙磺酸（HEPES）缓冲液：将 23.8 g HEPES 溶于约 90 mL 的双蒸水中，用 NaOH 调 pH（6.8～8.2），然后加双蒸水定容至 100 mL。过滤除菌，贮存于 4℃冰箱中。

（4）20 mg/mL 蛋白酶 K 缓冲液：将 200 mg 的蛋白酶 K 加入 9.5 mL 双蒸水中，轻轻摇动，直至蛋白酶 K 完全溶解，不要涡旋混合。加双蒸水定容至 10 mL，混匀后分装成小份，贮存于－20℃冰箱中。

（5）10 mg/mL 核糖核酸酶（RNase）：将 10 mg 胰蛋白 RNA 酶溶解于 1 mL 的 10 mmol/L 的乙酸钠（NaAc）溶液中（pH 5.0）。溶解后于水浴中煮沸 15 min，使 DNA 酶失活。用 1 mol/L 的 Tris－盐酸（HCl）缓冲液调 pH 至 7.5，分装成小份，－20℃贮存。

（6）10％十二烷基硫酸钠（sodium dodecylsulfate，SDS）溶液：称取 100 g SDS 慢慢转移到约含 900 mL 双蒸水的烧杯中，用磁力搅拌器搅拌，直至完全溶解，用双蒸水定容至 1 000 mL，室温存放。10％SDS 溶液无需灭菌。

（7）2.5％X－gal 溶液：溶解 25 mg 的 X－gal 于 1 mL 的二甲基甲酰胺（DMF），用铝箔包裹后避光贮存于－20℃。X－gal 溶液无需过滤除菌。

（8）100 mM 异丙基－β－D－硫代半乳糖苷（isopropylthio-β-D-galactoside，IPTG）：取 238.3 mg IPTG 溶于 8 mL 双蒸水中，定容至 10 mL，用 0.22 μm 滤器过滤除菌，分装成小份，－20℃贮存。

（9）100 mg/mL 氯霉素（chloramphenicol，Cm）溶液：称取 1 g Cm 溶解于 10 mL 无水乙醇中，分装成小份，用铝箔包裹后－20℃避光保存。Cm 常以 12.5 μg/mL 的终浓

度使用。

（10）100 mg/mL 氨苄西林（又称氨苄青霉素，ampicillin，Amp）溶液：将 1 g 氨苄西林钠盐，定溶于 10 mL 无菌水中，用 0.22 μm 滤器过滤除菌后，分装成小份，用铝箔包裹后－20℃避光保存。Amp 常以 25～50 μg/mL 使用。

（11）10 mg/mL 卡那霉素（kanamycin，Kan）溶液：溶解 100 mg Kan 于足量的无菌水中，定容至 10 mL，用 0.22 μm 滤器过滤除菌后，分装成小份，用铝箔包裹后－20℃避光贮存。Kan 常以 10～50 g/mL 的终浓度添加于生长培养基。

（12）50 mg/mL 链霉素（streptomycin，Sm）溶液：溶解 0.5 g 链霉素硫酸盐于足量的无水乙醇中，定容至 10 mL，分装成小份，用铝箔包裹后－20℃避光贮存。Sm 常以 10～50 μg/mL 的终浓度添加于生长培养基。

（13）10 mg/mL 四环素（tetracycline，Tc）溶液：溶解 100 mg 四环素盐酸盐于足量的无水乙醇，定容至 10 mL，分装成小份，用铝箔包裹后－20℃避光贮存。Tc 常以 10～50 μg/L 的终浓度添加于生长培养基。

（14）5 mol/L 氯化锂（LiCl）溶液：取 21.2 g LiCl 溶解于 90 mL 的双蒸水中，定容至 100 mL。用 0.22 μm 滤器过滤除菌，或高温高压消毒，－20℃贮存。

（15）焦碳酸二乙酯（diethyl pyrocarbonate，DEPC）处理水：加 100 μL DEPC 于 100 mL 水中，使 DEPC 的体积分数为 0.1%。在 37℃温浴至少 12 h，然后高压灭菌 20 min，以使残余的 DEPC 失活。去除 DEPC 的毒性，保证实验操作的安全。DEPC 会与胺起反应，不可用 DEPC 处理 Tris-HCl 缓冲液。

（16）10 mg/mL 溴化乙啶（ethidium bromide，EB）溶液：取 1 g EB，溶于 100 mL 双蒸水中，磁力搅拌数小时，确保其完全溶解，放置于棕色试剂瓶中，4℃避光保存。注意：EB 是一种诱变剂，并有毒性，使用含有该染料的溶液时务必戴手套，称量染料时戴面具。

（17）3 mol/L NaAc 溶液：将 408 g NaAc·3H$_2$O 溶于 800 mL 去离子水中，用 3 mol/L 乙酸（HAc）调节 pH 至 5.2 后，加去离子水定容至 1 000 mL。

（18）2.5 mol/L 氯化钙（CaCl$_2$）溶液：在 20 mL 双蒸水中溶解 13.5 g CaCl$_2$·6H$_2$O，用 0.22 μm 滤器过滤除菌，分装成 1 mL 小份，贮存于－20℃。

（19）30% 丙烯酰胺溶液：将 29 g 丙烯酰胺和 1 g N，N'-亚甲双丙烯酰胺溶于总体积为 60 mL 的去离子水中，加热至 37℃溶解，补水至终体积 100 mL。用 0.45 μm 滤器过滤除菌，查证该溶液的 pH 应不大于 7.0，置于棕色瓶中，4℃避光保存。注意：丙烯酰胺具有很强的神经毒性并可以通过皮肤吸收，操作时要戴手套。

（20）10% 过硫酸铵溶液：取 0.1 g 过硫酸胺溶于 1 mL 去离子水中，4℃存放。10% 过硫酸胺在 4℃保存可使用 2 周左右，时间过长会失去催化作用，一般新鲜配制使用。

（21）Tris 缓冲盐溶液（Tris-buffered saline，TBS）：在 800 mL 去离子水中溶解 8 g 氯化钠（NaCl）、0.2 g KCl 和 3 g Tris 碱，用 HCl 调 pH 至 7.4，定容至 1000 mL，分装后高压蒸汽灭菌 20 min，于室温保存。

（22）4×浓缩胶缓冲液（pH 6.8）：称取 60.72 g Tris，溶解于 800 mL 去离子水中，用浓 HCl 调节 pH 至 6.8，加入 4 g SDS，均匀溶解，定容至 1000 mL，室温存放。

（23）4×分离胶缓冲液（pH 8.8）：称取 182 g Tris，溶解于 800 mL 去离子水中，用浓 HCl 调节 pH 至 8.8，加入 4 g SDS，均匀溶解，定容至 1000 mL，室温存放。

（24）10×磷酸缓冲盐溶液（phosphate buffered saline，PBS）：80 g NaCl、2 g KCl、11.5 g Na$_2$HPO$_4$ · 7H$_2$O 和 2 g KH$_2$PO$_4$，加水定容至 1L，室温存放。

（25）PBST：取 0.5 mL 吐温-20（Tween-20）加入 1000 mL 的 1×PBS 中，现用现配。

（26）1 mol/L 氯化镁（MgCl$_2$）溶液：将 203.3 g MgCl$_2$ · 6H$_2$O 溶解于 800 mL 去离子水中，定容至 1000 mL，高压蒸汽灭菌后 4℃保存。

（27）0.5 mol/L 乙二胺四乙酸（ethylene diamine tetraacetic acid，EDTA）溶液（pH 8.0）：将 186.1 g EDTA-Na · 2H$_2$O 加入 700 ml 蒸馏水中，再加入 100 mL 10 mol/L NaOH 溶液后，在磁力搅拌器上剧烈搅拌（EDTA 很难溶解），待完全溶解后，用 10 mol/L NaOH 溶液调节 pH 至 8.0，再定容至 1000 mL，分装后高压蒸汽灭菌，室温存放。

（28）DNA 提取缓冲液：称取 0.5 g SDS，溶于 70 mL 去离子水中，再加入 1 mL 1 mol/L 的 Tris-HCl（pH 8.0），及 20 L 0.5 mol/L 的 EDTA（pH 8.0），加入去离子水定容至 100 mL，室温避光保存。

（29）TE 缓冲液（pH 8.0）：取 1 mL 1 mol/L Tris-HCl（pH 8.0）和 200 μL 0.5 mol/L EDTA（pH 8.0），加双蒸水至 100 mL，即为 0.01 mol/L Tris-HCl/0.001 mol/L EDTA（pH 8.0），高压蒸汽灭菌后 4℃保存。

（30）STE 缓冲液：取 1 mL 1 mol/L Tris-HCl（pH 8.0）、200 μL 0.5 mol/L EDTA（pH 8.0）和 2 mL 5 mol/L NaCl，加水至 100 mL，高压蒸汽灭菌后 4℃保存。

（31）20×柠檬酸钠（SSC）缓冲液：在 800 mL 去离子水中溶解 175.3 g NaCl 和 88.2 g 柠檬酸钠 · 2H$_2$O，用 10 mol/L NaOH 溶液调节 pH 至 7.0，加水定容至 1000 mL，分装后高压蒸汽灭菌 4℃保存。

（32）LB（Luria-Bertani）培养基：称取 10 g 蛋白胨、5 g 酵母提取物和 10 g NaCl，溶解后用 NaOH 溶液调节 pH 至 7.0，加入双蒸水定容至 1000 mL，高压蒸汽灭菌后 4℃保存。

（五）常用电泳缓冲液及凝胶加样缓冲液的配制

（1）50×Tris-HAc（TAE）电泳缓冲液：取 242 g Tris 碱溶于 800 mL 双蒸水中，加

入 57.1 mL 冰 HAc 和 100 mL 0.5 mol/L EDTA(pH 8.0),加水定容至 1 000 mL,室温保存备用。

TAE 是使用最广泛的电泳缓冲液,可用于回收 DNA 片段,它的迁移速率比 Tris-硼酸(TBE)电泳缓冲液、Tris-磷酸(TPE)电泳缓冲液快约 10%。缺点是缓冲容量小,长时间电泳(如过夜)不可选用。

(2) 5×TBE 电泳缓冲液:取 54 g Tris 碱、27.5 g 硼酸溶于 800 mL 双蒸水中,加入 20 mL 0.5 mol/L EDTA(pH 8.0),加水定容至 1 000 mL,室温保存备用。

TBE 的缓冲能力强,长时间电泳可选用,但浓度高的 TBE 溶液长期放置会形成沉淀,不可使用。由于其缓冲能力较强,用于琼脂糖凝胶电泳时的浓度为 0.5×TBE。

(3) 10×TPE 电泳缓冲液:取 108 g Tris 碱溶于 800 mL 双蒸水中,加入 15.5 mL 85%磷酸(1.679 g/mL)和 40 mL 0.5 mol/L EDTA(pH 8.0),加水定容至 1 000 mL。

TPE 的缓冲能力也较强,但由于磷酸盐在 DNA 沉淀时容易析出,影响后续反应,不宜在回收 DNA 片段的电泳中使用。

(4) 5×Tris-甘氨酸电泳缓冲液:取 15.1 g Tris 碱和 94 g 甘氨酸(电泳级)(pH 8.3)溶于 800 mL 双蒸水中,加入 50 mL 10%SDS(电泳级),加水定容至 1 000 mL。Tris-甘氨酸缓冲液用于 SDS 聚丙烯酰胺凝胶电泳。

(5) 10×MOPS 电泳缓冲液:称取 41.86 g MOPS,加入约 700 mL DEPC 处理的水搅拌至溶解,用 2 mol/L NaOH 调节 pH 至 7.0;再向溶液中加入 20 mL DEPC 处理的 1 mol/L NaAc 及 20 mL DEPC 处理的 0.5 mol/L EDTA(pH 8.0),混匀后用 DEPC 处理水定容至 1 L,用 0.45 μm 滤膜过滤除去杂质,室温避光保存。MOPS 电泳缓冲液用于 RNA 的变性琼脂糖凝胶电泳。

注意:溶液见光或高温灭菌后会变黄,甚至变黑。溶液变黄时仍可使用,但发黑时则不能使用。

(六) 常用凝胶加样缓冲液的配制

(1) 6×DNA 加样缓冲液 Ⅰ:称取 25 mg 溴酚蓝及 25 mg 二甲苯青 FF,溶于 10 mL 40%蔗糖水溶液中,分装后 4℃保存。

(2) 6×DNA 加样缓冲液 Ⅱ:称取 25 mg 溴酚蓝及 25 mg 二甲苯青 FF,溶于 10 mL 15%多聚蔗糖溶液,分装后 4℃保存。

(3) 6×DNA 加样缓冲液 Ⅲ:称取 25 mg 溴酚蓝及 25 mg 二甲苯青 FF,溶于 10 mL 30%甘油水溶液,分装后 4℃保存。

(4) 6×DNA 加样缓冲液 Ⅳ:称取 25 mg 溴酚蓝溶于 10 mL 40%蔗糖水溶液,分装后 4℃保存。

(5) 5×蛋白加样缓冲液:将 50 mg 溴酚蓝及 0.5 mL β-巯基乙醇溶于 10 mL 50%

甘油水溶液,分装后4℃保存。

(6) 10×RNA加样缓冲液:将25 mg溴酚蓝、25 mg二甲苯青FF,以及0.2 mL 0.5 mol/L EDTA(pH 8.0)溶于10 mL 50%甘油水溶液中,分装后4℃保存。

第三节

实验报告的撰写及数据处理与结果分析

一、实验报告的撰写

撰写实验报告是本科生和研究生学习的重要一环,而且对其今后从事课题研究时规范地进行实验记录、数据处理和结果分析都大有裨益。通过认真写好实验报告,可以加深学生对细胞与分子生物学理论和技术原理的理解,同时可以培养学生发现问题、分析问题和解决问题的能力,也有助于他们今后撰写科学研究论文。

实验报告是该次实验的忠实记录,要通过简明扼要的语言来准确描述。实验报告的内容一般包括6个方面:实验目的、实验原理、实验器械与试剂、实验步骤和现象、实验结果及其分析、实验讨论及改进建议。

(1) 实验目的:简单明了,往往只有一两句话,说明为什么要做这个实验。

(2) 实验原理:是该实验的灵魂,它将理论与实践联系起来,通过总结实验原理既可以梳理已学过的理论知识,又可以复习课堂上讲过的技术理论,同时明白为什么采用这些实验步骤来操作实验,因此认真独立总结实验原理,十分有利于知识的掌握,达到事半功倍的效果。

(3) 实验器械与试剂:是实验的基本条件,通过了解试剂的成分和配制,可以进一步理解实验原理,以及关键试剂和材料的准备。

(4) 实验步骤:内容较多,因此要进行简洁且准确地总结归纳,不要照抄实验指导书;有些实验可能会根据预实验或当时试剂的情况进行部分修改和调整,所以要忠实、准确地描述实际的实验器械与试剂。

实验步骤的撰写需记录实验过程中发生的现象,如溶液变黏稠、有白色沉淀产生等。实验过程中应注意观察这些现象是否与预期相符,若与预期有出入,应及时询问老师并忠实记录。实验步骤也可以用图解和列表的方式来表示,无论何种表示方法,对于各种试剂的浓度和用量,实验中获得的体积和重量都要准确、忠实地记录,只有这样才能进行重复实验。

(5) 实验结果:主要是记录实验得到的数据及统计处理过程,并用图表准确展示结果。图表要注明数量单位。图要有图例,要清楚说明横坐标和纵坐标的名称及单位,坐标轴的分度数字与有效数字要相符。照片也要有图例,如需要在电泳图的加样孔上标注清楚所加样品,一般是先在加样孔的上方标"1,2,3……",再在图旁说明"1,2,3……"是什么。对于分子量 marker,要在条带旁边标上分子量大小,特定的条带要用箭头指示,并标注说明。照片的放置要符合惯例,如电泳照片一般将加样孔放在上方,说明放在下方或右侧。

(6)实验讨论:主要撰写做了实验后自己的体会。实验讨论是否深入可以反映学生是否有过认真思考、观察和提问。讨论不应是实验结果的重述,而是以结果为基础的逻辑推论,可以包括对实验原理,实验操作,实验方法和实验设计的认识、体会和建议,同时还可以对实验课提出改进意见。实验讨论应对结果进行分析,总结成功的经验,剖析失败的原因,以便应用到其他实验和今后的科研工作中;若能吸取失败的教训,提出改进的方案,更是不可多得的学习机会。在写实验讨论时,不但要回顾所学过的技术理论知识,还要尽可能多地查阅有关分子医学理论知识的参考文献,敢于提出独到的分析和思考。

实验报告的书写要规范,特别是计量单位的表述,英文字母和希腊字母的区分,缩写字母大小写的区分,特殊符号的使用等。撰写实验报告是很好的学习、总结和复习的机会,因此必须独立完成;实验报告同时也是实验的忠实记录,绝不允许抄袭。

二、实验记录及数据处理与结果分析

医学研究是一项十分严谨而又复杂的工作,每一项成果的取得都要通过不断地重复和验证,是无数个失败和成功的最终结晶,也是细致观察的产物,因此,详细、准确、客观、真实地做好实验记录是科学研究的基本要求。同时,由于细胞与分子生物学的复杂性,只有对大量稳定的实验数据进行有效和可靠地分析,才能得出合理的结论。

(一)实验记录

详细、准确、客观、真实地做好实验记录是科学实验的基本要求,也是发现问题和解决问题的关键途径。实验记录的具体要求如下。

(1)从科研管理部门领取已编好页码的科研专用实验记录本做实验记录,不得缺页。

(2)实验记录不能用铅笔,要用不褪色的钢笔;记录不可涂改,但可划去重写。

(3)实验记录要按时间顺序,对每个步骤逐一记录。时间要明确到操作起始和结束的年、月、日,甚至具体时间点。

(4)实验中应仔细观察每一步发生的现象,并及时准确记录下来。实验中的操作过程、试剂和气体浓度及用量、温度、时间、离心力和转速、电压和电流、气体和液体的流速、流量等都要准确记录。

（5）实验所用时间一般要准确到分钟，有些分子生物学实验要精确到秒。

（6）对于离心转速最好以离心力表示；若以转速表示，要记录离心机型号、转头型号和所装样品的高度。

（7）所使用仪器要记录型号、生产厂家、货号等。

（8）所用试剂要记录生产厂家、货号、批号，化学品的分子式和购买日期及贮存方法；配制日期和浓度、配制人员和配制方法也需记录，便于查询。

（9）所用细胞要写明来源、种属、株号和代数。

（10）所用实验动物要写明来源、品种、性别、年龄、体重、饥饱状态及饲养和处理情况等。

（11）要准确记录测量的原始数据，以电子文档保存；同时打印出来，做好标记，并粘贴在记录本上。图像结果要保存底片、X线片或数码照片，数码照片以高像素（一般彩照 600 dpi，TIFF 格式）单个保存，在记录本上记录文件名和存储路径。

（二）数据处理与结果分析

1. 数据处理

实验是人们根据研究目的，利用科学仪器和设备，人为地控制或模拟自然现象（指自然科学实验），排除干扰，突出主要因素，在有限的条件下研究自然规律的行为。实验研究要求采用随机且背景相同的组别来进行，理论上来说，是最精确严谨的科学研究。然而由于批间操作、个体差异，以及仪器的稳定性等因素造成的偶然误差，实验者往往无法对实验情境中有关变项完全控制，所以要揭示自然界的基本规律，在有限的条件下，只能对实验所得到的数据进行科学的处理。

实验数据的处理与分析主要运用统计学方法，从多次测量数据中估算出最接近真值的数据，也就是测量结果借由误差分析，了解测量结果的可信度，并探讨实验误差的可能来源。统计学方法众多，有许多相关图书可以参考和选择，以下仅简要介绍几个基本概念。

（1）误差：即测定值与真值之间的差值，误差＝测量值－真值。真值是永远无法确切知道的，因为任何实验总会存在一定误差。根据误差的性质和来源可分为系统误差和随机误差两类。系统误差和随机误差都无法删除，但可采取适当方法降低它们的影响。

1）系统误差（systematic error）：指同一被测量对象在多次重复测量过程中，保持恒定不变或以可预知的方式变化的测量误差。系统误差的特点是测量结果向一个方向偏离，其数值按一定规律变化，具有重复性、单向性。因此系统误差又称为规律误差或可定误差。系统误差的来源有以下几个方面。

A. 仪器误差：由于仪器本身的缺陷或没有按规定条件使用仪器而造成的。如仪器的零点不准、仪器未调整好等，外界环境（光线、温度、湿度、电磁场等）对测量仪器的影响等所产生的误差。

B. 理论误差（方法误差）：由于测量所依据的理论公式本身的近似性，或实验条件不能达到理论公式所规定的要求，或者是实验方法本身不完善所带来的误差。

C. 个人误差：由于测量人员个人感官的反应或习惯不同而产生的误差，它因人而异，并与测量人员当时的状态有关。

D. 试剂误差：由于各类化学试剂、生物学试剂以及溶剂所含的微量杂质所产生的误差。

2）随机误差（random error）：指在多次重复测量过程中，每次测量以不可预知方式变化的测量误差。随机误差来源于某些难以预料的偶然因素，所以又称为偶然误差，该类误差时大时小、时正时负，具有偶然性、不可预见性和没有规律的特点。其产生因素十分复杂，如电磁场的微变，零件的摩擦、间隙，热起伏，空气扰动，气压及湿度的变化，测量人员感觉器官的生理变化等，以及它们的综合影响都可以成为产生随机误差的因素。

（2）准确度、精确度和偏差：准确度（validity）是指测定值与真值相符合的程度，用误差来衡量，误差越小，测定的准确度越高。但真值是不可能确切知道的，因此在实验中无法求出准确度，只能用精确度（precision）来评价分析的结果。精确度是指使用同种样品进行重复测定所得到的结果之间的重现性。一般用偏差（deviation）来衡量分析结果的精确度，偏差越小，精确度越高。绝对偏差是指单次测定值与平均值的偏差。相对偏差是指绝对偏差在平均值中所占的百分率。用相对偏差来表示实验的精确度比用绝对偏差更有意义。习惯上，简单表现偏差的方式是计算数据间的标准偏差（standard deviation，SD）。标准偏差简称标准差或实验标准差，是指各数据偏离平均数的距离（离均差）的平均值，它是离差平方和平均后的方根，用 σ 表示。标准偏差越小，表示求得的数据彼此越接近，即精确度越高。

$$\sigma = \sigma_{n-1} = \sqrt{\frac{\sum d_i^2}{n-1}} \qquad (\text{式 } 1-4)$$

n 为测量次数；d_i 为一组测量值与真值的偏差。

由于物质的真值一般无法知道，我们平时所说的真值其实只是相对正确的平均值，得到的结果依然有偏差。所以，只能用精确度来评价分析的结果，其局限性也是存在的，分析结果的精确度高，并不一定说明实验的准确度高。因为如果实验过程存在系统误差，可能并不影响每次测量的重复程度，即精确度高，但却偏离真值，即准确度低。当然精确度低就更无准确度可言。

2. 实验结果表示方法

实验完成后,需要对实验中测量的数据进行计算、分析和整理,进行去粗取精、去伪存真的工作,从中得到最终的结论和找出实验规律,并将这些结果清晰和准确地表示出来,让人一目了然。生物学实验数据一般采用下列几种方法表示。

(1)列表法:即将实验中测量的数据、计算过程中所得到的数据和最终结果等以一定的形式和顺序列成表格。列表法的优点是结构紧凑、条目清晰,可以简明地表示出有关变量之间的对应关系,便于分析比较和随时检查错误,易于寻找变量之间的相互关系和变化规律。同时数据列表也是图示法、图解法的数值基础。列表法的要求如下:

1)在表的上方写出表名。

2)简单明了,便于看出有关变量之间的关系和处理数据。

3)必须注明表中各符号所代表的变量、单位(一般采用国际单位制)。

4)表中记录的数据必须忠实于原始测量结果、符合有关标准和规则。应正确地反映测量值的有效位数,尤其不允许忘记末位为"0"的有效数字。

(2)图示法:即在专用的坐标纸上将实验数据之间的对应关系描绘成图线。通过图线可直观、形象地将变量之间的对应关系清楚地表示出来。生物学实验数据的图示法现多采用 Excel 软件完成。图示法的要求如下:

1)在图的下方写出图名。

2)标出坐标轴的名称和标度,通常横轴代表自变量,纵轴代表因变量,在坐标轴上标明所代表变量的名称(或符号)和单位,标注方法与表的栏头相同。

3)横轴和纵轴的标度比例可以不同,其交点的标度值不一定是零。

4)选择原点的标度值来调整图形的位置,使曲线不偏于坐标的一边或一角。

5)选择适当的分度比例来调整图形的大小。

6)对于有标准偏差的数据,也要在图上显示出来。

(3)图解法:利用图示法得到变量之间的关系图线,采用解析方法得到与图线所对应的函数关系,即经验公式的方法称为图解法。在生物实验中,经常用到的图线是直线、抛物线、双曲线、指数曲线和对数曲线等。

3. 实验结论

科学实验结论是整个科学实验的最后一环,也是关键环节,它是整个科学实验的最终目的。科学实验的最终结论不管是成功验证实验之前的种种假设,还是与最初假设不符合(或部分不符合)而得出意外结论——这一结论可能验证了别人的假设,也可能是全新的"怪"现象——它都必须做到可靠和不错失"机遇"。为确保实验结论的可靠性,在实验过程中应遵循 3 条基本原则。

（1）对照性原则：对于医学生物学研究来说，对照是十分关键的，没有对照的结果是没有意义的，更不可能得出可靠的结论。对照包括阳性对照、阴性对照、空白对照等。

（2）随机性原则：医学生物学实验是需要随机抽样和随机排列的，使实验对象中的任何个体或变量都具有同等的机会被抽取，使得所有影响实验结果的顺序因素和分配因素都有同等的机会被采用，从而有效地减少乃至消除实验中的抽样误差、分配误差和顺序误差。

（3）重复性原则：为了实验结论的可靠性，还要进行多角度重复实验，反复求证，比如可将实验对象分成平行的 2 个组或 3 个组同时进行相同的实验，并将各组完全隔离，然后将这些组的实验结果进行统计分析。通过重复实验可有效地排除"不观察"和"虚假观察"的错误，使结果的误差在平均值上趋于消除，从而保证实验结论的客观和可靠。

第二章　目的基因重组与转化实验

DNA 重组技术(recombinant DNA technology)是指用适当的方法获取目的基因片段,进行剪切和拼接等处理后,与适当的载体分子进行重组,然后将重组 DNA 分子导入特定的宿主细胞中进行大量复制和表达的一整套实验技术,是生命科学领域重要的研究手段。其基本程序包括:①获得目的基因(又称外源基因)片段;②目的 DNA 片段与载体 DNA 连接(体外重组);③连接产物导入宿主细胞(又称受体细胞);④重组体的扩增、筛选与鉴定;⑤目的基因在宿主中表达;⑥表达产物的分离、鉴定等。

实验一

载体与目的基因的连接与转化

DNA 重组技术广泛应用于生命科学研究和药物生产,也应用于基因功能研究。目的基因与载体的连接(基因重组)是基因工程的第一步,因此成为分子生物学的基本方法。

🔖 实验目的

在基因工程操作中,连接与转化(transformation)总是联系在一起的,本实验采用黏端连接法将原癌基因 $c-myc$ 外源 DNA 片段连接到 pSV2 质粒载体中,构建重组质粒;用氯化钙法制备大肠埃希菌($E.\ coli$) HB101 感受态细胞(competence cell),并将重组质粒转入其中;用含氨苄西林的平板培养基筛选转化体。通过本实验,了解 DNA 克隆技术和细胞转化的概念及其在分子生物学研究中的意义;掌握氯化钙法制备 $E.\ coli$

感受态细胞和外源质粒 DNA 转入受体菌并筛选转化体的方法。

实验原理

在基因工程中目的基因与载体 DNA 的连接方式很多，主要有黏端连接法、平端连接法和黏-平端连接法。具有相同黏性末端的 DNA 分子比较容易连接在一起，因为相同的黏性末端容易通过碱基配对氢键形成一个相对稳定的结构，连接酶利用这个相对稳定的结构，行使间断修复的功能，就可以使 2 个 DNA 分子连在一起。T4 DNA 连接酶在有镁离子（Mg^{2+}）、腺嘌呤核苷三磷酸（ATP）存在的连接缓冲系统中，能将载体与目的基因连接成重组 DNA 分子。T4 DNA 连接酶的连接反应步骤如下。

（1）T4 DNA 连接酶与辅助因子 ATP 形成酶-AMP 复合物（腺苷酰酶）。

（2）酶-AMP 复合物再结合到具有 $5'$-磷酸基和 $3'$-羟基的 DNA 切口上，使 DNA 腺苷化。

（3）产生一个新的磷酸二酯键，把 DNA 切口连接起来。

转化是将外源 DNA 分子引入受体细胞，使受体细胞获得新的遗传性状的一种手段。受体细胞经过一些特殊方法（如电击法，$CaCl_2$、$RbCl$ 等化学试剂法）处理后，细胞膜的通透性发生变化，成为允许外源 DNA 进入的感受态细胞。在一定条件下，将重组体 DNA 导入感受态细胞进行复制、表达，实现遗传信息的转移，使受体细胞出现新的遗传性状。将经过转化后的细胞在选择性培养基中培养，即可筛选出转化子（transformant），即带有目的基因的受体细胞。

本实验将用 2 种限制性核酸内切酶 Bam H I 和 Xba I 处理的 4.8 kb $c-myc$ DNA 片段在 T4 DNA 连接酶的作用下，连接入同样经 Bam H I 和 Xba I 切开的 pSV2 质粒载体上形成重组体。同时以 $E. coli$ HB101 菌株为受体细胞，用 $CaCl_2$ 处理受体菌使其处于感受态，然后与重组质粒共温浴，实现转化。pSV2 质粒携带有抗氨苄西林的基因，因而使接受了该质粒的受体菌具有抗氨苄西林的特性，用 Amp^r 表示。将经过转化后的受体细胞在含氨苄西林的平板培养基上培养，只有转化子才能存活，而未受转化的受体细胞则因无抵抗氨苄西林的能力而死亡。

实验器材和试剂

1. 器材

恒温摇床、电热恒温培养箱、超净台、电热恒温水浴、低温离心机、旋涡振荡器、移液器及吸头、1.5 mL 离心管、制冰机、三角推棒、细菌培养管、培养皿。

2. 细胞和试剂

(1) *E. coli* HB101。

(2) 用 *Bam*HⅠ和 *Xba*Ⅰ处理过的线状 pSV2 质粒 DNA 片段(3.5 kb，20 ng/μL)。

(3) 用 *Bam*HⅠ和 *Xba*Ⅰ处理过的 *c - myc* DNA 片段(4.8 kb，20 ng/μL)。

(4) 阳性对照:已经连接好 *c - myc* 目的片段的 pSV2 重组质粒(8.3 kb，5 ng/μL)。

(5) T4 DNA 连接酶(5 U/μL)及 10× 连接反应缓冲液。

(6) LB 培养基。

配制 1 L 培养基，在 950 mL 去离子水中加入:

细菌培养用胰化蛋白胨(bacto-tryptone)	10 g
细菌培养用酵母提取物(bacto-yeast extract)	5 g
NaCl	10 g

完全溶解后用 5 mol/L NaOH(约 0.2 mL)调节 pH 至 7.0，加入去离子水至总体积 1 L，121℃(103.4 kPa)高压蒸汽灭菌 20 min。

(7) 含氨苄西林的 LB 琼脂培养板。在每升液体 LB 中加入细菌培养用琼脂(bacto-agar)15 g，121℃高压蒸汽灭菌 20 min，从高压灭菌器中取出，轻轻旋动以使融解的琼脂能均匀分布于整个培养基溶液中，待培养基溶液降温至 50℃ 左右时加入氨苄西林至终浓度 100 μg/mL，铺制平板。

(8) 0.1 mol/L CaCl₂ 溶液:每 100 mL 溶液中含无水 CaCl₂ 1.1 g，用 0.22 μm 孔径的滤膜过滤除菌。

(9) 氨苄西林贮存液:100 mg/mL(溶于去离子水)，用 0.22 μm 孔径的滤膜过滤除菌。

实验步骤

1. 载体与目的基因的连接

(1) 1.5 mL 离心管中加入:

目的基因片段(4.8 kb，20 ng/μL)	2.5 μL
载体 DNA(3.5 kb，20 ng/μL)	2.5 μL
10× 连接反应缓冲液	1 μL
T4 DNA 连接酶(10 U/μL)	0.5 μL
去离子水	3.5 μL
总体积	10 μL

（2）混匀，短暂离心。16℃水浴中温育 2～4 h，或 22℃孵育 10～60 min。

2. 制备感受态细胞

（1）取 1 支细菌培养管，在无菌条件下向其中加入 3 mL LB 培养液，从 *E.coli* HB101 平板上挑取 1 个单克隆菌落，接种入 LB 培养液中，37℃振摇 10～12 h。

（2）另取 1 支细菌培养管，在无菌条件下向其中加入 3 mL LB 培养液，取 60 μL *E.coli* HB101 的过夜培养物接种其中，37℃振摇 2 h 左右，使细菌处于对数生长早期，肉眼看呈雾状。

（3）在无菌条件下将此 3 mL 细菌培养物倒入 1 支冰预冷的 15 mL 离心管中，冰浴 10 min。

（4）4℃，4 000 rpm 离心 10 min。

（5）在无菌条件下弃上清液，将离心管在无菌纸巾上倒置 1 min，使液体尽量流尽；将细菌沉淀重悬于冰预冷的 1 mL 0.1 mol/L CaCl_2 中，移入预冷的 1.5 mL 离心管中，冰浴 10 min。

（6）4℃，4 000 rpm 离心 10 min。

（7）在无菌条件下弃上清液，在无菌纸巾上倒置 1 min，使液体尽量流尽；将沉淀重悬于约 200 μL 的 0.1 mol/L CaCl_2 中，此时细菌处于感受态。

（8）取 3 支 1.5 mL 离心管，向其中加入感受态细胞，每支 50 μL，4℃保存，也可立即转化。4℃放置 12～24 h 后转化效率最高。

3. 转化

（1）取 3 支冰预冷的感受态细胞（每支 50 μL），分别标记为：实验组、阴性对照组、阳性对照组。

（2）在超净台中（或酒精灯周围 15 cm 无菌圈内）向实验组感受态细胞中加入上述连接产物 1 μL；阴性对照组感受态细胞中加入用 *Bam* H I 和 *Xba* I 处理的 pSV2 线状载体 DNA 片段（20 ng/μL）1 μL；阳性对照中加入已经连接好 *c-myc* 目的片段的 pSV2 重组质粒 DNA（5 ng/μL）1 μL。

（3）冰浴 30 min。

（4）42℃水浴中温育 90 s，使感受态细胞热休克。

（5）立即冰浴 1～2 min。

（6）在无菌条件下分别加入 LB 培养液 150 μL，37℃振摇 45 min，使感受态细胞复苏。

（7）在无菌条件下吸取 100 μL 菌液，加到含有氨苄西林（100 μg/mL）的 LB 平板上，用三角推棒推开，使其均匀分布于整个平板（注意尽量不要推至边缘），放入 37℃ 恒温培养箱中 1～2 h,待液体吸收完全后,将平板倒置,继续培养 12～16 h。

 实验结果

实验组、阴性对照组和阳性对照组的转化结果见图 2-1。

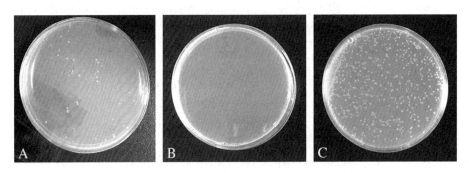

图 2-1 实验组、阴性对照组和阳性对照组转化后的结果

A. 实验组,为载体和目的基因连接产物转化结果;B. 阴性对照组,为 pSV2 线状载体 DNA 片段转化结果;C. 阳性对照组,为含 c-myc 目的片段的 pSV2 重组质粒 DNA 转化结果。

⚠️ 注意事项

1. 连接反应的条件

(1) 连接反应缓冲液:其中的 Mg^{2+}、ATP 作为辅助因子,提供能量,同时也含有保护与稳定酶活性的物质,如 DTT。

(2) 温度:连接反应的温度在 37℃ 时有利于连接酶的活性,但是在这个温度下,黏性末端的氢键结合是不稳定的,仅通过限制性酶切所产生的几个碱基对的结合不足以抵抗该温度下的分子运动,因此在实际操作时,DNA 分子黏性末端的连接反应温度是折中采取催化反应与末端结合的温度,一般为 4～22℃。

(3) 连接酶的用量:在一般情况下,酶浓度越高,反应速度越快,产量也越高,但是酶量不宜过高。由于连接酶保存在 50% 的甘油中,若加入酶量过多会因甘油含量过高而影响连接效果。

(4) 连接后的 DNA 溶液与感受态细胞混合后,一定要在冰浴条件下操作,如果温度时高时低,则转化效率会降低。

2. 热处理温度

42℃ 热处理很关键,转移速度要快,温度要准确。

3. 操作动作

菌液涂皿操作时动作要轻柔,避免反复来回涂布,过多的机械挤压和涂布会使细胞破裂,影响转化率。

实验二

重组质粒的提取及酶切鉴定

重组 DNA 转化感受态细胞后,一般只有少数重组体能进入宿主细胞,也只有少数宿主细胞接纳重组 DNA 并能增殖良好。在转化板上长出的菌落中,除了含有正确的重组体外,还可能有非重组体或不正确的重组 DNA 分子。因此,必须用各种筛选和鉴定手段区分重组体和非重组体,并鉴定出目的基因正确的重组 DNA 分子。重组质粒的碱变性法抽提及酶切鉴定就是常用的重组体鉴定方法。

实验目的

含有重组 pSV2 - c - myc 质粒的 E. coli HB101 在含氨苄西林的 LB 培养基上培养,用碱性 SDS 方法快速提取质粒 DNA,再经限制性核酸内切酶酶切后,进行琼脂糖凝胶电泳分离,核酸染料染色,在紫外灯下观察记录。通过本实验,学习和掌握质粒的快速提取纯化、限制性核酸内切酶酶切及琼脂糖凝胶电泳等实验方法。

实验原理

分离质粒 DNA 的方法包括 3 个基本步骤:培养细菌使质粒扩增、收集和裂解细菌、分离和纯化质粒 DNA。从 E. coli 中分离质粒 DNA 的方法众多,主要依据分子大小、碱基组成的差异及质粒 DNA 的结构特点来进行。细菌的裂解方法主要有:①煮沸法,对多数菌株的质粒制备很理想,但不适合 E. coli HB101,且初学者不易掌握。②SDS 裂解法,是一种温和的方法,适合于提取>15 kb 的质粒,但产率较低。③碱裂解法,是一种很有效的方法,它采用碱性条件(pH 12~12.5)下,加入 SDS,选择性地使线性 DNA 和染色体 DNA 变性,而共价闭环 DNA(covalently closed circular DNA, cccDNA)则不受影响。在 pH 12.5 条件下,蛋白质变性,可降低质粒 DNA 被酶降解的可能性。菌体裂解后,加入酸性高浓度乙酸钾,使染色体 DNA -蛋白质- SDS 形成沉淀复合物,经离心除去,留在上清液中的质粒可进一步纯化。质粒 DNA 可通过层析法、离心法、电泳法和沉淀法进行纯化。

本实验利用碱变性法抽提实验一中培养皿上生长菌落中的质粒,并进行酶切鉴定。

实验器材和试剂

1. 器材

恒温振荡器、细菌培养管、1.5 mL/2 mL/15 mL 离心管、DNA 吸附柱、滴管、移液器及吸头、旋涡振荡器、制冰机、低温高速离心机、电泳槽及电泳仪、紫外观察仪等。

2. 试剂

（1）LB 培养基。

（2）酚-氯仿：Tris 平衡酚与氯仿等体积混合。

（3）无水乙醇。

（4）70％乙醇。

（5）TE 缓冲液（pH 8.0）：10 mmol/L Tris - HCl（pH 8.0）、0.001 mol/L EDTA（pH 8.0）。

（6）Bam H Ⅰ（10 U/μL）。

（7）Xba Ⅰ（10 U/μL）。

（8）10×酶切缓冲液。

（9）1×TAE 电泳缓冲液：0.04 mol/L Tris - HAc、0.001 mol/L EDTA。

（10）λDNA $Hind$ Ⅲ markers（0.1 μg/μL）。

（11）6×凝胶加样缓冲液：0.25％溴酚蓝、40％（质量/体积，w/v）蔗糖水溶液。

（12）氨苄西林贮存液：100 mg/ml（溶于水）用 0.22 μm 滤膜过滤除菌。

（13）溶液Ⅰ（Solution Ⅰ）：0.05 mol/L 葡萄糖、0.025 mol/L Tris - HCl（pH～8.0）、0.01 mol/L EDTA、0.1 mg/mL RNase A。

（14）溶液Ⅱ（Solution Ⅱ）：新鲜配制的 1％ SDS、0.2 mol/L NaOH（用 2％ SDS、0.4 mol/L NaOH 临用前等体积混合）。

（15）溶液Ⅲ（Solution Ⅲ）：pH 4.8 的乙酸钾（KAc）溶液（60 ml 5 mol/L KAc、11.5 ml 冰醋酸、28.5 ml H_2O）。

该溶液 K^+ 浓度为 3 mol/L，Ac^- 浓度为 5 mol/L。

（16）GelRed 核酸染料（10 000×）。

（17）琼脂糖。

实验步骤

1. 重组质粒的提取

1）向细菌培养管中加入 3 mL LB 培养液和氨苄西林贮存液 3 μL（氨苄西林终浓度为 100 μg/mL）。从转化平板上挑取单菌落接种其中，37℃振荡培养过夜。

2）吸取 1 mL 细菌过夜培养物入 1.5 mL 离心管中，室温 12 000 rpm 离心 1 min，弃上清液，收集细菌。

3）再将 1 mL 细菌过夜培养物加入同一个 1.5 mL 离心管，12 000 rpm 离心 1 min，收集细菌，弃上清液，离心管倒置于纸巾上 1 min。

4）向沉淀中加入 100 μL 冰预冷的溶液 Ⅰ，吹打混匀，冰浴 10 min。

5）加入 200 μL 新配制的溶液 Ⅱ，盖紧盖子，快速颠倒 5 次，以混合内容物，立即置冰上 5 min。

6）加入 150 μL 冰预冷的溶液 Ⅲ，盖紧盖子，来回颠倒试管 5 min，充分混合，使溶液Ⅲ 在黏稠的细菌裂解物中分散均匀，冰浴 15 min。

7）4℃，10 000 rpm 离心 5 min，将上清液转移到另一 1.5 mL 离心管中（注意量体积）。

2. 质粒 DNA 的纯化

（1）方法一：质粒 DNA 的乙醇沉淀纯化

1）向所抽提的质粒 DNA 溶液中加入等体积的酚/氯仿（1∶1，V/V），振荡混匀，10 000 rpm 离心 2 min，将上清液转移到另一 1.5 mL 离心管中（注意量体积）。

2）加入 1/10 体积的溶液Ⅲ 和 2 倍体积冰预冷的无水乙醇沉淀 DNA，振荡混合，−20℃放置 2 h。

3）4℃，12 000×g 离心 10 min，弃上清液，倒置于纸巾上，使管壁上液体流尽。

4）用 500 μL 75％乙醇于 4℃洗涤双链 DNA（步骤同上），沉淀于空气中干燥 10 min。

5）用 60 μL TE 溶液溶解沉淀，振荡，保存于−20℃。

（2）方法二：用柱层析法纯化重组质粒

1）将 DNA 吸附柱置于 2 mL 离心管中，吸取前一步骤中所抽提的质粒 DNA 加入DNA 吸附柱中，12 000×g 离心 1 min，弃去 2 mL 离心管中的滤液。

2）将 DNA 吸附柱放回 2 mL 离心管，加入 700 μL 75％乙醇，12 000×g 离心 1 min，弃去 2 mL 离心管中的滤液。

3）将 DNA 吸附柱放回 2 mL 离心管中，12 000×g 再次离心 1 min，弃去 2 mL 离心管。

4）将 DNA 吸附柱移入新的 1.5 mL 离心管中，在吸附膜的中央加 60 μL 经 65℃预热的 TE 溶液，室温静置 1 min 或更长。12 000×g 离心 1 min。

5）弃去 DNA 吸附柱，1.5 mL 离心管中的液体即为所抽提得到的质粒 DNA 溶液。可用紫外分光光度计检测所抽提到的质粒 DNA 浓度和纯度。

3. 酶切

取一只 1.5 mL 离心管，向其中加入：

10×酶切缓冲液	2 μL
BamHⅠ（10 U/μL）	1 μL
XbaⅠ（10 U/μL）	1 μL
质粒 DNA 溶液	5 μL
去离子水	11 μL
总体积	20 μL

混匀后短暂离心,37℃水浴1h。

4. 电泳

(1) 配制60 mL 1%琼脂糖溶液:称取琼脂糖0.6 g,放入100 mL三角烧瓶中,再加入60 mL 1×TAE电泳缓冲液,不要摇动,放入微波炉中加热,中高火短时多次加热,至琼脂糖完全熔化为清澈透明的液体。

(2) 将电泳板放入制胶器内,插好梳子。

(3) 待琼脂糖溶液稍冷却后,向其中加入GelRed核酸染料(10 000×)6 μL,混匀后倒入电泳板内,注意避免产生气泡。

(4) 平放在水平面上,室温静置20 min以上使琼脂糖凝固。

(5) 小心地拔去梳子,将电泳板连同凝胶小心地移入水平电泳槽,加样孔朝向负极。向电泳槽中加入1×TAE电泳缓冲液,待液面稍微高出凝胶1~2 mm时止。

(6) 上样:①λ DNA Hind Ⅲ markers(0.1 μg/μL)5 μL直接上样;②抽提出来的质粒溶液5 μL,加入6×凝胶加样缓冲液1 μL,混匀后上样;③经酶切后的质粒溶液20 μL,加入6×凝胶加样缓冲液4 μL,混匀后上样。

(7) 盖上电泳槽盖,接通电源,100 V电压下电泳,待溴酚蓝泳动到凝胶的2/3处停止电泳。

(8) 在凝胶成像系统观察结果、拍照并保存。

💡 实验结果

电泳结束后,紫外灯下拍照,结果见图2-2。

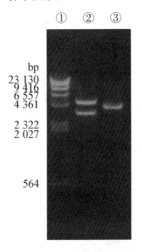

图2-2 pSV2-c-myc重组质粒的酶切鉴定

A. λ DNA Hind Ⅲ markers;B. pSV2-c-myc重组质粒经Bam H Ⅰ和Xba Ⅰ双酶切后出现2条条带;C. 未经酶切的pSV2-c-myc重组质粒。

（1）λ DNA *Hind* Ⅲ markers(0.1 μg/μL)共可观察到 7 条条带，从大到小依次为：23 130 bp、9 416 bp、6 557 bp、4 361 bp、2 322 bp、2 027 bp、564 bp。markers 本身可指示 8 条条带，最小的条带为 125 bp，电泳时会因最先跑出凝胶而观察不到。

（2）pSV2 - *c* - *myc* 重组质粒经 *Bam*H Ⅰ和 *Xba* Ⅰ双酶切后电泳可见 2 条条带，分别是 4.8 kb 的 *c* - *myc* 基因片段及 3.5 kb 的载体片段。

（3）未经酶切的 pSV2 - *c* - *myc* 重组质粒可能同时有超螺旋、线性和开环等分子构型，以及复制中间体的存在，因此在电泳时可能见到多条条带。

⚠ 注意事项

（1）在细胞内，cccDNA 常以超螺旋形式存在；如果两条链中有一条链发生一处或多处断裂，分子就能旋转而消除链的张力，这种松弛型的分子称为开环 DNA(open circular DNA, ocDNA)；而一旦两条单链都有缺口，且缺口在同一个位置或者相差不远，则形成线性 DNA 分子。在电泳时，不同分子构型的质粒 DNA 泳动的速度不一样，此外，还存在质粒复制中间体的可能，因此在电泳凝胶中可能呈现多条条带。

（2）从核酸样品中去除蛋白质时使用等体积的平衡酚-氯仿混合物。其中氯仿可使蛋白质变性并有助于液相与有机相的分离。对酚进行平衡的目的是使其 pH 在 7.8 以上，防止 DNA 在酸性条件下分配于有机相。

（3）酚的腐蚀性很强，并可引起严重灼伤，操作时应戴手套，小心操作。

（4）用移液器吸取酚或氯仿时要小心，动作要缓慢，以防酚或氯仿溅到移液器上腐蚀移液器。

实验三

重组质粒的大量提取与纯化

📋 实验目的

质粒广泛用作基因工程的载体。DNA 克隆、杂交探针的制备和测序均需大量质粒。通过本实验了解和掌握质粒的大量提取和纯化方法，并为以后杂交探针的制备提供材料。

⚙ 实验原理

质粒为一种染色体外的稳定遗传物质，具有自主复制能力，主要发现于细菌、放线菌和真菌细胞中。*E. coli* 中不同的质粒有不同的拷贝数：高拷贝数的如 pUC，中拷贝数的如 pBR322 和 pACYC184，以及低拷贝数的如 pSC101。本实验采用的质粒是 pBR322。pBR322 质粒是通过重组技术构建而成的双链 DNA 克隆载体，有四环素（Ter^r）和氨苄西林（Amp^r）两个抗药性标记，用于克隆筛选。在含有氯霉素的培养环境中，*E. coli* 中的 pBR322 质粒拷贝数可得到提高。

人 *c-myc* 基因片段与 pBR322 重组质粒转化到宿主菌中，随细菌的繁殖而扩增。细菌经裂解后得到重组质粒的粗提取物，再经纯化，可得到纯重组质粒。碱变性抽提重组质粒 DNA 是基于细菌染色质 DNA 与重组质粒 DNA 变性后再复性的差异而达到分离目的。SDS 可使细菌裂解，并在 pH 12.6 的条件下核酸产生变性。但其中重组质粒 DNA 因其共价闭合环状的特点，当用 pH 4.8 的 NaAc 中和时，又恢复为原来的超螺旋构型，保留在溶液中；而细菌染色质 DNA 不能复性，与蛋白质-SDS 复合物缠绕在一起形成网状结构，离心沉淀除去。留在上清液中的重组质粒 DNA 用异丙醇沉淀，然后进行纯化。

质粒 DNA 可通过层析法、离心法、电泳法和沉淀法进行纯化。对于分子量较大、拷贝数较少的质粒 DNA，为了避免损伤断裂，可选用氯化铯-溴化乙啶（CsCl-EB）等密度离心法纯化，具有纯度高、步骤少、方法稳定且可获得超螺旋构型的质粒 DNA 等特点。

CsCl-EB 等密度离心法是获取毫克级高纯度质粒 DNA 的首选方法。该方法首先由克莱威尔（Clewell）和赫林斯基（Helinski）于 1969 年提出，其后，戈贝尔（Goebel）（1970）又加以改进。pBR322 质粒 DNA 为闭环超螺旋结构，它在 CsCl 梯度中的密度比线性或开环 DNA 高；且由于其紧密的结构造成其与 EB 结合的量较少，结合引起的密度降低，程度也相对较少；使超螺旋构型的质粒 DNA 分子与其他形式的 DNA 分子之间的密度差距进一步扩大，因此可通过等密度离心分开。该方法得到的质粒 DNA 纯度高，可用于限制性酶切分析、缺口平移标记法制备探针和测序分析等。

实验器材和试剂

1. 器材

恒温摇床、超净台、接种环、移液管、移液器和吸头、制冰机、低速离心机、高速离心机、超速离心机、低速/高速/超速离心管、注射器、折光仪、真空干燥器、滴管、玻璃棒、天平、50 mL/100 mL/2 000 mL 三角烧瓶、培养皿、细菌培养管、透析袋、离心管、大体积 DNA 吸附柱等。

2. 试剂

（1）LB 培养液。

（2）50 mg/mL 氨苄西林水溶液。

（3）34 mg/mL 氯霉素乙醇溶液。

（4）STE：0.1 mol/L NaCl、10 mmol/L Tris-HCl（pH 8.0）、1 mmol/L EDTA（pH 8.0）。

（5）溶液Ⅰ：50 mmol/L 葡萄糖、25 mmol/L Tris-HCl（pH 8.0）、10 mmol/L EDTA（pH 8.0）。

（6）溶液Ⅱ：0.2 mol/L NaOH、1% SDS，需新鲜配制。

（7）溶液Ⅲ：5 mol/L 乙酸钾（3 mol/L K^+，5 mol/L Ac^-，pH 4.8 左右）：3 mol/L 乙酸钾 60 mL、冰醋酸 11.5 mL、双蒸水 28.5 mL。

（8）溴化乙锭（EB）：10 mg/mL 水溶液。

（9）TE：10 mmol/L Tris-HCl（pH 8.0）、1 mmol/L EDTA（pH 8.0）。

（10）其他试剂：氯化铯、溶菌酶、异丙醇、异戊醇。

实验步骤

1. 细菌培养和质粒的扩增

（1）将携带 pBR322 质粒的单菌落接种到含有 50 μg/mL 氨苄西林的 10 mL 培养基中，37℃振摇过夜。

（2）在 100 mL 三角烧瓶中加入 LB 培养液 25 mL 和氨苄西林至 50 μg/mL，加入上述过夜培养物 0.1 mL，37℃振摇培养到对数生长晚期（$OD_{600}=0.6$），需 3.5～4 h。

（3）在 2 L 的三角烧瓶中加入预温到 37℃的 LB 培养基 500 mL，加入氨苄西林至 50 μg/mL，再加入晚期培养物 25 mL。于 37℃振摇 2～2.5 h，使 OD_{600} 约为 0.4。

（4）加入 2.5 mL 氯霉素，终浓度为 170 μg/mL。

（5）继续在 37℃摇床培养 12～16 h。

2. 质粒 DNA 的提取

（1）将 500 mL 细菌培养物倒入离心管中，4℃ 4 000 rpm 离心 10 min，弃上清液。

（2）将沉淀悬浮在 50 mL STE 中，然后转移到 50 mL 离心管中，4 000 rpm 离心 10 min，尽量倒净上清液。

（3）将沉淀悬浮在 10 mL 溶液Ⅰ中。用滴管吹打充分悬浮细菌，不应留有小的菌块。

（4）加入 20 mL 新鲜配制的溶液Ⅱ，用玻棒快速轻柔搅拌，温和地翻转试管数次，混合均匀使细菌充分裂解，直至形成透亮的溶液。室温放置 10 min 后，放入冰浴中。（注意，不能用振荡器，要轻轻颠倒以免打断已释放的 DNA，导致基因组 DNA 污染）。

（5）加入 15 mL 冰预冷的溶液Ⅲ，翻转试管数次，充分混匀，冰浴 10 min。使之充分中和，直至形成紧实的凝集块。

(6) 4℃ 17 000 rpm 离心 30 min,不用刹车(慢减速),将染色体 DNA 和细胞碎片沉淀下来。若沉淀不完全,可再次离心,或采用更高转速(30 000 rpm)。

(7) 小心地收集上清液,记录体积。

3. 质粒 DNA 的纯化

(1) 方法一:柱层析法

1) 取一支大体积 DNA 吸附柱放入 50 mL 收集管内,向 DNA 吸附柱中加入上述所收集的上清液。3 600 rpm 离心 5 min。弃去收集管中废液,将 DNA 吸附柱重新放入收集管内。

2) 相同步骤重复多次,将所有上清液全部通过 DNA 吸附柱。

3) 向吸附柱中加入 12 mL 75% 乙醇,3 600 rpm 离心 5 min。弃去收集管中废液。

4) 将 DNA 吸附柱重新放入收集管内。向吸附柱中加入 14 mL 75% 乙醇的 TE 溶液,4 800 rpm 离心 10 min。弃去收集管中废液。

5) 再将 DNA 吸附柱重新放入收集管内,4 800 rpm 离心 10 min。弃去收集管。

6) 将 DNA 吸附柱放入干净的 50 mL 离心管中,加入 65℃ 预热的 TE 溶液 2 mL,室温放置 5 min,4 800 rpm 离心 5 min,收集 DNA。

(2) 方法二:Cscl-EB 等密度离心法

1) 量取所抽提的质粒 DNA 溶液的体积,每毫升加 CsCl 1 g,混合溶解。

2) 每 10 mL CsCl 溶液加 0.8 mL EB(10 mg/mL 水溶液)充分混合,将溶液的终密度调到 1.55 g/cm^3(折光率 $n=1.386 0$),EB 的终浓度为 600 μg/mL。

3) 将 CsCl - DNA 溶液移入超速离心管中,若溶液装不满离心管,就用液状石蜡封顶。

4) 20℃ 45 000 rpm 离心 40 h。

5) 离心结束后在紫外灯下可见到 2 条 DNA 带(图 2 - 3),上一条为环状或线状 DNA,下一条为超螺旋闭环质粒 DNA。用注射针穿透离心管壁抽取下面的条带,移入新的离心管中,溶液呈红色。

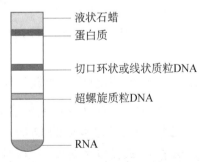

图 2 - 3　CsCl - EB 离心后各种成分的分布示意图

6）按下列步骤去除 EB：①加入等体积水饱和的异戊醇，颠倒试管，使之充分混合，溶液呈紫色。②室温下，1500×g 离心 3 min。③离心结束后，水相和醇相分离。吸去上层醇相，重复上述步骤再次抽提水相。④连续抽提 4～6 次，直到浅紫色的 EB 从水相消失，收集水相溶液。

7）透析去除 CsCl：将上述溶液移入透析袋中，密闭后在 TE 中透析过夜以去除 CsCl，透析过程中要多次更换 TE，即可得到质粒 DNA 溶液。

8）所抽提到的质粒 DNA 溶液可用紫外分光光度法测浓度。

4. 质粒 DNA 浓度测定及纯度评估

所得 DNA 溶液用紫外分光光度法检测浓度并评估纯度。使用核酸微量检测仪，在板上加质粒 DNA 样品 3 μL，测得 OD_{260} 和 OD_{280} 的值，计算所抽提的质粒 DNA 浓度并根据 OD_{260}/OD_{280} 评估 DNA 的纯度。此微孔检测板的光径为 0.5 mm。

$$DNA 浓度(\mu g/mL) = \frac{OD_{260}}{0.020 \times D} \times 稀释倍数 \qquad (式 2-1)$$

💡 实验结果

离心结束后，在紫外灯下观察。

⚠️ 注意事项

（1）本方法可从 500 mL 细菌培养物中得到 2～5 mg 高拷贝质粒 DNA。可用于测序、体外转录与翻译、限制性内切酶消化、细菌转化等分子生物学实验。

（2）细菌扩增到一定程度，加入氯霉素后细菌的生长受到抑制，但质粒 DNA 的复制还在继续，使每个细菌中质粒的拷贝数大大提高。

（3）加入溶液Ⅱ后，要快速混匀，但不要振荡或用力搅拌，避免打断染色体 DNA。加入溶液Ⅲ后染色体 DNA 与 SDS-蛋白质复合物一起沉淀下来，可通过离心除去，也可将染色体 DNA 缠在玻璃棒上取出。

（4）EB 为诱变剂，使用时要戴手套。

（5）使用紫外灯时要注意防护，以免损伤眼睛。

（6）RNA 可通过加入 RNase A 后 37℃温浴 30 min 除去。

（7）为了便于穿刺和条带观察，超速离心管一般选取 PA 薄壁管，穿刺时可将针头加热。

（8）溶液Ⅱ要新鲜配制，长期放置会吸收空气中的 CO_2，使 pH 下降。

（9）若采用垂直转头离心或用水平转头离心时采取不连续梯度（即将含有不同浓度的 CsCl 溶液分层加到离心管中），即可以加速 CsCl 梯度的形成，使离心时间减少到 6 h。

第三章　DNA 研究技术实验

基因是遗传的物质基础,是 DNA 或 RNA 分子上具有遗传信息的特定核苷酸序列。基因通过复制把遗传信息传递给下一代。人类基因大约有几万个,贮存着生命孕育、生长、凋亡过程的全部信息,通过复制、表达、修复,完成生命繁衍、细胞分裂和蛋白质合成等重要生理过程。生物体的生、长、病、老、死等一切生命现象都与基因有关。

人们对基因的认识是不断发展的,1953 年詹姆斯・杜威・沃森(James Dewey Watson)和弗朗西斯・哈利・康普顿・克里克(Francis Harry Compton Crick)发现了 DNA 分子的双螺旋结构,开启了分子生物学的大门,奠定了基因技术的基础,人们才真正认识了基因的本质,即基因是具有遗传效应的 DNA 片段。至 20 世纪 70 年代,DNA 重组技术(也称基因工程或遗传工程技术)终获成功并付之应用,分离、克隆基因变为现实,很多致病基因及其他一些疾病的相关基因和病毒致病基因陆续被确定。

基因组 DNA 是分子生物学研究的主要对象之一,无论是基因功能的研究,还是疾病发病机制的探索,都离不开制备或检测 DNA。基因是遗传的基本单元,携带有遗传信息的 DNA 或 RNA 序列,通过复制把遗传信息传递给下一代,指导蛋白质的合成来表达自己所携带的遗传信息,从而控制生物个体的性状表达。

实验一

细胞基因组 DNA 的提取及其浓度测定

DNA 是遗传信息的载体,是最重要的生物信息分子,是分子生物学研究的主要对象。为了进行测序、杂交、基因表达、文库构建等实验,获得高分子量和高纯度的基因组 DNA 是非常重要的前提,因此基因组 DNA 的提取也是分子生物学实验技术中最重要、最基本的操作之一。

实验目的

（1）基因组 DNA 的提取是基因分析的前提。本实验要求掌握基因组提取的基本方法。

（2）利用紫外分光光度计，测定 DNA 溶液在 260 nm、280 nm 波长处的吸光度值 OD_{260}、OD_{280}，根据公式计算 DNA 的浓度并评估其纯度。

实验原理

基因组 DNA 在细胞内是与蛋白质形成复合物的形式存在。核酸与蛋白质之间的结合力包括离子键、氢键、范德华力等，用去污剂（如 SDS）、蛋白变性剂（如盐酸胍、异硫氰酸胍）、蛋白酶等破坏或降低这些结合力就可以把核酸与蛋白质分开；其中的 RNA 可用 RNase 降解除去；进一步，可采用有机溶剂酚和氯仿等使蛋白质变性并去除。酚和氯仿与含核酸和蛋白质的水溶液一起振摇时可形成乳浊液，离心后可分成两相，一般上层为含 DNA 的水相，下层为有机相，分界处为变性凝聚的蛋白质；用乙醇、异丙醇等有机溶剂即可对水相中的 DNA 进行沉淀收集。

DNA 所含有的嘌呤环和嘧啶环的共轭双键具有吸收紫外光的性质，吸收高峰在 260 nm 处，所以，可用紫外分光光度法测定 DNA 的浓度。

实验器材和试剂

1. 器材

HL-60 细胞（人早幼粒白血病细胞）、50 mL/15 mL/1.5 mL 离心管、滴管（大、小口径）、移液管、移液器及吸头、试管架、离心机、微量紫外分光光度计。

2. 试剂

（1）TE 缓冲液（pH 8.0）。

（2）TBS（Tris 缓冲盐溶液，0.002 5 mol/L Tris）：NaCl 8 g、KCl 0.2 g、Tris 3 g，溶于 800 mL 去离子水，HCl 调 pH 至 7.4，用去离子水定容至 1 000 mL，121℃ 高压灭菌 20 min，室温保存。

（3）10 mg/mL RNase。

（4）蛋白酶 K：双蒸水配成 20 mg/mL 的贮存液，存于 −20℃。

（5）抽提缓冲液：0.01 mol/L Tris - HCl（pH 8.0）、0.1 mol/L EDTA（pH8.0）、0.5% SDS、20 μg/mL RNase（临用时再加）。

（6）平衡酚：用 0.5 mol/L Tris - HCl（pH 8.0）平衡。

（7）酚-氯仿：为酚和氯仿等体积混合物。

（8）无水乙醇、70％乙醇。

实验步骤

（1）取一瓶 HL-60 细胞（细胞数约 5×10^7 个），用滴管吹打使细胞散开成单细胞，转入 15 mL 离心管，4℃ 3 000 rpm 离心 5 min，弃上清液。细胞沉淀用 10 mL TBS 重悬洗涤。如上条件离心，弃上清液，将离心管倒置于纸巾上 1 min，以尽量沥干管壁上的液体。

（2）向细胞沉淀中加入 0.2 mL TE 缓冲液（pH 8.0），轻轻吹打细胞沉淀以重悬细胞。加入 2 mL 抽提缓冲液和 4.4 μL 10 mg/mL 的 RNase，使其终浓度为 20 μg/mL。颠倒离心管数次以混匀。37℃ 温育 1 h。

（3）加入 11 μL 20 mg/mL 的蛋白酶 K 至终浓度为 100 μg/mL，颠倒离心管数次，将酶混入黏滞的溶液中。

（4）将离心管置于 50℃ 水浴中 1 h，不时旋转晃动。

（5）待溶液冷却至室温，加等体积的平衡酚，缓慢地上下颠倒离心管 10 min，使水相和有机相混合形成乳浊液。室温 4 800 rpm 离心 10 min，使两相分开。

（6）用大口径滴管（出口直径 0.3 cm）将黏稠的水相移至另一支 15 mL 离心管中，加入等体积的酚-氯仿，缓慢地上下颠倒离心管 10 min，室温 4 800 rpm 离心 10 min 使两相分开。

（7）重复用酚-氯仿抽提至两相界面无白色物质存在。

（8）将水相移至另一支离心管，加入 2 倍体积的无水乙醇，颠倒离心管数次，使溶液充分混合，肉眼可见 DNA 立即形成絮状沉淀。室温 4 800 rpm 离心 5 min，弃上清液。

（9）DNA 沉淀用 70％乙醇悬浮，转入 1.5 mL 离心管，10 000 rpm 离心 5 min，弃上清液，将离心管倒置于纸巾上 1 min，以尽量沥干管壁上的液体，尽可能彻底除去乙醇。

（10）室温放置至 DNA 沉淀干燥，加入 50 μL TE 缓冲液溶解 DNA。

（11）DNA 浓度测定和纯度评估：所得 DNA 溶液用紫外分光光度法检测浓度。使用 NanoDrop 紫外检测仪，用 TE 缓冲液做参照，在检测板上加所抽提的 DNA 样品（取出少量样品稀释）2 μL，测得 A_{260} 和 A_{280} 的值，记录所抽提的 DNA 浓度和纯度。

所抽提的 DNA 的浓度为按式 2-1 的公式计算所得。

式中，D 为比色杯的光径（cm）。

由 A_{260}/A_{280} 的比值推测所抽提 DNA 的纯度。

⚠ 注意事项

（1）本实验获得的 DNA 为 100～150 kb，适用于包括 Southern 分析和用噬菌体构建基因组 DNA 文库在内的各类研究。

（2）本实验所提取的是大分子量核酸,操作时动作要轻柔,以防 DNA 断裂。若核酸浓度太低,可对其进行浓缩。

（3）在一般情况下,纯度高的 DNA OD_{260}/OD_{280} 比值约为 1.8。样品中含蛋白质,则比值下降。若 OD_{260}/OD_{280} 的比值 <1.75,则提示可能有蛋白质污染,必要时需重新抽提。

（4）酚具有强腐蚀性,可以引起皮肤严重烧伤,操作时应戴手套及防护镜。若皮肤触及酚,应立即用大量清水冲洗,再用肥皂水浸泡,忌用乙醇擦洗。若用移液器吸取酚或氯仿时要小心,动作要缓慢,以防酚或氯仿腐蚀移液器。

（5）通常 5×10^7 个培养细胞可获得约 200 μg DNA。

实验二

细胞基因组 DNA 的制备及其浓度测定
（基因组 DNA 提取试剂盒）

实验目的

（1）掌握用血液/细胞/组织基因组 DNA 提取试剂盒(genomic DNA Kit)提取细胞基因组 DNA 的基本方法。

（2）利用紫外分光光度计测定 DNA 溶液的浓度并评估纯度。

实验原理

DNA 与组蛋白构成核小体;核小体缠绕成中空的螺旋管状结构,即染色丝;染色丝再与许多非组蛋白压缩形成染色体。染色体存在于细胞核中,外有核膜及胞膜。从组织中提取 DNA 必须先将组织分散成单个细胞,然后破碎胞膜及核膜,使染色体释放出来;同时去除与 DNA 结合的组蛋白及非组蛋白,释放的基因组 DNA 被选择性吸附到硅胶膜上得以纯化。

采用血液/细胞/组织基因组 DNA 提取试剂盒提取 HL-60 细胞的基因组 DNA。细胞裂解液配合蛋白酶 K 裂解细胞,释放基因组 DNA,再利用硅胶材料在高盐条件下吸附 DNA,低盐条件下洗脱 DNA 的原理回收 DNA。获得的 DNA 纯度相对较高,不影响 $\leqslant15$ kb 线性 DNA 的完整性,但大分子 DNA 会被剪切成为 20~30 kb 的片段,适用于酶切、PCR、Southern 印迹杂交、随机扩增多态性 DNA 标记(random amplified polymorphic DNA，RAPD)、限制性内切酶片段长度多态性(restriction fragment length polymorphism，RFLP)等分子生物学实验。

试剂盒组成及作用

(1) 缓冲液 A：主要作用是悬浮细胞，含表面活性剂(如曲拉通)，辅助细胞裂解。

(2) 缓冲液 B：主要成分是 SDS，主要作用是与蛋白酶 K 一起使细胞裂解。

(3) 乙醇：增加疏水性，减少去污剂对 DNA 结合的抑制。

(4) 缓冲液 D：主要作用是去除蛋白质，高盐和低 pH 条件为硅基质吸附 DNA 提供条件。

(5) 漂洗液 W：主要作用是洗去盐分，含 75% 乙醇(防止 DNA 被洗掉)。

(6) 吸附柱：在低 pH 和高盐条件下可吸附 DNA；在高 pH 和低盐条件下可洗脱 DNA。

(7) 收集管：放置吸附柱，收集液体。

(8) 蛋白酶 K：去除蛋白质。

实验步骤

(1) 收集细胞：取 5 mL HL-60 细胞(约 5×10^6 个)，用滴管吹打使细胞散开成单细胞；转入 15 mL 离心管，3 000 rpm 离心 5 min，弃尽上清液。

(2) 向沉淀中加入 200 μL 缓冲液 A，吹打或充分震荡悬浮细胞沉淀；移入 1.5 mL 离心管。

(3) 加入 20 μL 蛋白酶 K 和 200 μL 缓冲液 B，震荡混匀 10 s 或剧烈摇晃 20 次混合均匀；置于 70℃金属浴 10 min，溶液应变清亮，短暂离心。

(4) 加入 200 μL 无水乙醇(此时可能会出现絮状凝集物，不影响实验效果)，温和颠倒离心管 10 次混合均匀，避免产生大量泡沫；短暂离心(离心速度达到 $3 000 \times g$ 后立即停止)去除离心管盖上的液体(切勿长时间高速离心，防止絮状凝集物沉淀到离心管底)。

(5) 取一个 DNA 吸附柱，置于收集管中。将溶液连同絮状物一起倒入(或用移液器转入)DNA 吸附柱中，室温放置 1~2 min。

(6) $12 000 \times g$ 离心 1 min，弃去收集管中的废液，将 DNA 吸附柱重新放入收集管中。

(7) 在 DNA 吸附柱中加入 500 μL 缓冲液 D(使用前已经加入指定体积的无水乙醇)，$12 000 \times g$ 离心 30 s，弃去收集管中废液，将 DNA 吸附柱重新放入收集管中。

(8) 在 DNA 吸附柱中加入 600 μL 漂洗液 W(使用前已经加入指定体积的无水乙

醇),12 000×g 离心 30 s,弃去废液,将 DNA 吸附柱重新放回收集管中。

(9) 重复步骤 8。

(10) 12 000×g 离心 2 min,弃去收集管。将吸附柱于室温放置数分钟,彻底晾干吸附柱中的漂洗液。

(11) 将 DNA 吸附柱转入干净的 1.5 mL 离心管中,向硅胶膜的中央加入 70℃预热的 TE 溶液 100 μL,室温放置 5 min 或更长。12 000×g 离心 2 min,收集 DNA 溶液。

(12) 所得 DNA 溶液用紫外分光光度法检测浓度和纯度:使用 NanoDrop 紫外检测仪,用 TE 缓冲液做参照,在检测板上加所抽提的 DNA 样品 2 μL,测得 A_{260} 和 A_{280} 的值,记录所抽提的 DNA 的浓度和纯度。

⚠ **注意事项**

(1) 该方法可从 $\leq 5 \times 10^6$ 个动物细胞中提取多至 20 μg 的基因组 DNA。

(2) 加入缓冲液 B 可能会产生白色沉淀,一般 70℃ 放置时会消失,不影响后续实验。如果溶液未变清,说明细胞裂解不完全,会影响 DNA 的获得率和纯度。

(3) 洗脱液体积不应少于 50 μL,体积过小影响回收效率。洗脱液的 pH 对洗脱效率有很大影响,需保留在 7.0～8.5 之间。

(4) 如需增加基因组 DNA 的获得率,可以将原来的 DNA 吸附柱再放到干净的 1.5 mL 离心管中,将离心得到的洗脱液重新加到吸附柱上,室温放置 2 min 后,12 000×g 离心 2 min,收集 DNA 溶液。

(5) 基因组 DNA 需保存在 −20℃,以防 DNA 降解。

(6) 70℃ 预热 TE 缓冲液有助于提高洗脱率。

实验三

聚合酶链反应

聚合酶链反应(PCR)是 20 世纪 80 年代中期发展起来的体外核酸扩增技术,它具有特异性高、敏感性高、产率高、快速、简便、重复性好、易自动化等突出优点。PCR 能将所要研究的目的基因或某一 DNA 片段于短时间内扩增至十万乃至百万倍,使肉眼能直接观察和判断;可从一根毛发、一滴血,甚至一个细胞中扩增出足量的 DNA 供分析研究和检测鉴定。PCR 技术是生物医学领域的一项革命性创举和里程碑。

实验目的

本实验以所抽提出的 HL-60 细胞基因组 DNA 为模板，以 $c\text{-}myc$ 基因上一段核苷酸序列为引物，扩增出 329 bp 的 $c\text{-}myc$ 片段。通过本实验学习并掌握 PCR 的基本原理与实验技术。

实验原理

PCR 技术的原理类似于 DNA 的天然复制过程。可简述为：在微量离心管中加入适量缓冲液，微量模板 DNA，4 种脱氧核苷酸（dNTP）和耐热 DNA 聚合酶及一对合成的 DNA 引物，并有 Mg^{2+} 存在。经过如下循环：①加热使模板 DNA 在高温下（94℃）双链解链，此谓变性；②降低溶液温度，使引物与模板 DNA 互补形成部分双链，此谓退火；③溶液反应温度升至中温（72℃），在 DNA 聚合酶作用下，以 4 种 dNTP 为原料，以引物为复制起点，以模板 DNA 序列为指导延伸为 2 条双链，此谓延伸。

在同一反应体系中重复高温变性、低温复性和 DNA 合成这一循环，使产物 DNA 不断合成，并且前一循环的产物 DNA 可作为后一循环的模板 DNA 而参与 DNA 的合成，使产物 DNA 的量按 2^n 方式扩增。经过 25～35 个循环，DNA 扩增倍数可达 10^6～10^9。

实验器材和试剂

1. 器材

0.2 mL 薄壁管或 PCR 联排管、PCR 扩增仪、旋涡振荡器、台式离心机、琼脂糖凝胶电泳槽、电泳仪、凝胶成像系统、100 mL 三角烧瓶、刻度吸管、移液器及吸头等。

2. 试剂

（1）模板 DNA：为 HL-60 细胞基因组 DNA。

（2）2× Taq MasterMix：由 Taq DNA 聚合酶、PCR Buffer、Mg^{2+}、dNTPs 以及 PCR 稳定剂和增强剂组成的预混体系。

（3）$c\text{-}myc$ 基因上游引物：5′—AGC TTC ACC AAC AGG AAC TA—3′。

（4）$c\text{-}myc$ 基因下游引物：5′—AAA CTC TGG TTC ACC ATG TC—3′。

（5）无菌去离子水。

（6）1×TAE 电泳缓冲液：0.04 mol/L Tris-HAc、0.001 mol/L EDTA。

（7）琼脂糖。

（8）核酸染料：GelRed Nucleic Acid Gel Stain（10 000×）。

（9）DNA 分子量参照：DNA ladder（条带大小依次为：100 bp、200 bp、300 bp、400 bp、500 bp 和 600 bp）。

实验步骤

（1）取 1 支 0.2 mL PCR 薄壁管，依次加入：

无菌去离子水	8.5 μL
2× Taq MasterMix	10 μL
上游引物（$1×10^{-5}$ mol/L）	0.5 μL
下游引物（$1×10^{-5}$ mol/L）	0.5 μL
模板 DNA（0.5 μg/μL）	0.5 μL
总体积	20 μL

（2）混匀，短暂离心，放入 PCR 扩增仪中。

（3）94℃预变性 5 min。

进入循环：94℃变性 60 s
　　　　　57℃退火 30 s　30 个循环
　　　　　72℃延伸 30 s

72℃延伸 5 min。

同时设置 PCR 扩增仪的热盖温度为 105℃。

（4）配制 2%的琼脂糖凝胶：称取 1.2 g 琼脂糖放入 100 mL 三角烧瓶中，加入 60 mL 1×TAE 电泳缓冲液，微波炉中加热令其融解，待冷却至约 70℃时加入 GelRed 核酸染料 6 μL。混匀后浇板，水平放置，待凝（20～30 min）。

（5）上样电泳：取 10 μL PCR 样品直接上样电泳，另取 5 μL DNA ladder 直接上样电泳作为 DNA 片段大小的对照。100 V 的电压下待溴酚蓝泳到凝胶的 1/2 处停止电泳，在凝胶成像系统中观察条带并拍照记录。

实验结果

电泳结束后，紫外灯下拍照，结果见图 3—1。

（1）DNA ladder 共可观察到 6 条带，从大到小依次为：600 bp、500 bp、400 bp、300 bp、200 bp 和 100 bp。

（2）PCR 扩增产物大小为 329 bp。

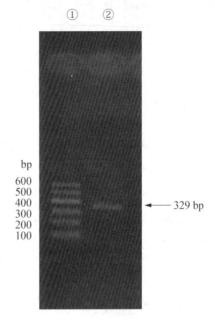

图 3-1 *c-myc* 基因的 PCR 扩增结果

①为 DNA ladder 条带;②为 PCR 扩增产物条带。

⚠️ 注意事项

(1) 由于 PCR 技术非常敏感,可使少到 1 个拷贝的 DNA 分子得以扩增,所以应当注意防止反应体系被痕量 DNA 模板污染:操作时应戴手套,所有缓冲液、吸头和离心管使用前都必须经过高压处理。

(2) 装有 PCR 试剂的微量离心管在打开之前,应先在微量离心机上做瞬时离心使液体沉积于管底,从而减少污染机会。

(3) 模板 DNA 应最后加,注意不要形成喷雾,以免污染。

(4) 预配好的 PCR 混合液使操作更加简单快捷,可最大限度地减少人为误差和污染。

实验四

探针的获取和标记

探针是进行杂交实验的首要条件,没有探针就不可能进行杂交实验,多数探针在前期的制备时没有带上标记,因此还需要进行标记。基因组 DNA 和 cDNA 探针往往采用重组质粒扩增的方式进行制备,然后通过缺口平移法或随机引物标记法进行标记。而寡核苷酸探针可以用末端标记法和加尾法标记。若直接采用基因组 DNA 或 mRNA，可以通过 PCR 的方法获得标记的探针。

实验目的

(1) 掌握从琼脂糖凝胶中回收 DNA 片段的方法。

(2) 掌握用随机引物标记法标记杂交探针的方法。

实验原理

从重组质粒获得探针片段是探针制备的方法之一。重组质粒经酶切后凝胶电泳，分离出探针模板片段。从凝胶上回收 DNA 片段的方法包括阻截法和挖块法。阻截法多用透析袋阻截，操作稍复杂。挖块法操作简单、快速，将目标 DNA 片段所在的凝胶切取下来，经熔化后用亲和层析、沉淀等方法回收 DNA 片段。

用地高辛(digoxigenin，DIG)标志物采用随机引物标记法标记探针为常用探针标记方法之一。DIG 通过一个不耐碱的酯键与脱氧尿嘧啶(dUTP)相连形成 DIG - dUTP，DIG - dUTP 和其他 3 种 dNTP 在克列诺(Klenow)酶的催化和随机引物引导下，合成与模板 DNA 片段互补的标记探针。标记产量与模板用量及反应时间成正相关。

本实验用 BamHⅠ和 XbaⅠ对纯化的 pSV2 - c - myc 重组质粒进行双酶切，琼脂糖凝胶电泳将 4.8 kb 的 c - myc 基因片段与 3.5 kb 的 pSV2 质粒载体分开，用挖块法将凝胶上的 4.8 kb c - myc 基因片段切取下来，经 DNA 凝胶回收试剂盒回收后用 DIG 随机引物标记系统进行标记。

实验器材和试剂

1. 器材

电泳仪、电泳槽、刀片、蓝光切胶仪、1.5 mL 离心管、电热恒温水浴、制冰机、移液器及吸头、正离子尼龙膜、电子天平等。

2. 试剂

(1) DNA 凝胶回收试剂盒(内含 buffer A、buffer B、buffer W1、buffer W2、Eluent、制备管、2 mL/1.5 mL 离心管)。

(2) 凝胶电泳相关试剂参见第二章实验二"重组质粒的提取与酶切鉴定"。

(3) DIG 探针标记与检测试剂盒。

(4) 限制性核酸内切酶 BamHⅠ和 XbaⅠ，10×酶切缓冲液。

(5) 缓冲液 1：0.1 mol/L 顺丁烯，0.15 mol/L NaCl，用 NaOH 将 pH 调至 7.5。

（6）缓冲液 2：封闭液，用缓冲液 1 以 1∶10 稀释。

（7）缓冲液 3：0.1 mol/L Tris - HCl，0.1 mol/L NaCl，0.05 mol/L MgCl₂，pH 9.5。

（8）抗体溶液：为碱性磷酸酶标记的 DIG 抗体(anti-DIG-AP)，1∶2 000 的比例用缓冲液 2 稀释。

（9）显色底物溶液：将 40 μL NBT/BCIP 浓贮备液加入 2 mL 的缓冲液 3，必须新鲜配制。

实验步骤

1. 重组质粒酶切和电泳分离

（1）取 20 μg 重组质粒 DNA，加入 1/10 总体积的 10×酶切缓冲液，40 U *Bam*H Ⅰ 和 *Xba* Ⅰ，37℃保温 2 h。

（2）1% 琼脂糖凝胶电泳，尽可能分开 *c-myc* 与载体 DNA 条带。

（3）在蓝光切胶仪下将 4.8 kb 的 *c-myc* 条带切下，尽量去除条带周围的凝胶，放入已称好重量的 1.5 mL 离心管中；再次称重，按每 100 mg 相当于 100 μL 来计算凝胶体积。

（4）加入 3 倍于凝胶体积的 buffer A，混合均匀后于 75℃水浴加热，每 2~3 min 摇动试管以混合，直至凝胶完全熔化(需 6~8 min)。

（5）加 0.5×buffer A 体积的 buffer B，混合均匀后转移至已置于 2 mL 离心管中的 DNA 制备管中，室温 12 000×g 离心 1 min，弃去 2 mL 离心管中的滤液。

（6）将制备管放回 2 mL 离心管中，向制备管中加入 500 μL buffer W1，12 000×g 离心 1 min，弃滤液。

（7）将制备管放回 2 mL 离心管，加入 700 μL buffer W2，12 000×g 离心 1 min，弃滤液。

（8）将制备管放回离心管，再次加入 700 μL buffer W2，12 000×g 离心 1 min，弃滤液。

（9）将制备管放回 2 mL 离心管中，12 000×g 再次离心 1 min。

（10）将制备管移入新的 1.5 mL 离心管中，在制备管膜中央加 25~30 μL 经 65℃预热的 Eluent，室温静置 1 min 或更长。12 000×g 离心 1 min。

（11）弃去制备管，1.5 mL 离心管中的液体即为回收得到的 *c-myc* DNA 溶液。

2. *c-myc* 探针的标记

（1）将 *c-myc* 片段 DNA 在沸水中加热 10 min 变性，冰里加入一些 NaCl 粉末或乙醇，迅速放其上冷却 5 min。

（2）3 000 rpm 离心 30 s。

（3）加入 2 μL DIG - High 引物，混合后短暂离心。

（4）37℃保温过夜。

（5）加 1 μL 0.2 mol/L EDTA 或 65℃加热 10 min 终止反应。

3. 标记效率的测定

（1）根据所使用的模板 DNA 的量，从图 3-2 估计 DIG 标记的探针产量。

（2）取 1 μL 标记产物，按照所估计的产量加入适量的 TE 缓冲液，稀释至 1 μg/mL（标记为 A），然后根据表 3-1 进行系列稀释，分别标记为 B—F。

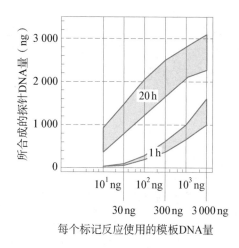

图 3-2　不同的模板 DNA 量在 37℃反应 1～20 h 后的探针产量

（引自 Roche 公司 DIG DNA Labeling and Detection Kit 说明书）

（3）从 B—F 管中各取 1 μL 分别点在 DIG 定量试纸上标好的方格内，空气干燥 2 min。

（4）准备 5 个小试管，做好标记，按表 3-1 向每个试管中各加入 3 mL 试剂。

表 3-1　标记产物系列稀释

管号	稀释倍数	稀释体积	最终浓度(pg/μL)
B	A 1∶3.3	A 液 10 μL＋TE 23 μL	300
C	A 1∶10	A 液 5 μL＋TE 45 μL	100
D	B 1∶10	B 液 5 μL＋TE 45 μL	30
E	C 1∶10	C 液 5 μL＋TE 45 μL	10
F	D 1∶10	D 液 5 μL＋TE 45 μL	3

（5）将点好系列稀释探针的 DIG 定量试纸条和对照试纸条背对背，按表 3-2 中顺序浸入试管中的溶液内，每个步骤之间将多余的溶液用吸水纸吸去。

表 3-2 标志物产量的检测

管 号	溶 液	处 理	时 间(min)
1	缓冲液 2	封闭	2
2	抗体溶液(1：2 000 稀释在缓冲液 2 中)	抗体结合	3
1	缓冲液 2	封闭	1
3	缓冲液 1	洗膜	1
4	缓冲液 3	平衡	1
5	显色底物溶液	显色(黑暗中)	5～30

(6) 显色 5～30 min,用水轻轻冲洗以终止显色反应,与对照试纸条对比,估计标记探针的产量。

⚠ **注意事项**

(1) 蓝光下要注意眼睛的防护,戴上防护镜。

(2) 切取目的条带时,既不能丢失 DNA,又要尽量去掉不含 DNA 的凝胶,减少所回收的凝胶体积。

(3) 以上标记反应可标记 10～1 500 ng 模板 DNA,要标记更多的 DNA 须将所有的成分和体积放大。

(4) 标记探针的长度为 200～1 000 bp。

(5) 标记时间为 1～20 h,延长反应时间可以适当提高标记 DNA 的产量。

(6) 用于膜杂交的标记探针一般不必纯化,因为游离的 DIG - dUTP 不会造成背景。对于某些原位杂交,标记探针可以 4 mol/L LiCl 和无水乙醇进行沉淀。

实验五

Southern 印迹杂交

核酸杂交是分子生物学的一个重要手段,它应用于克隆鉴定、同源性分析,以及肿瘤、遗传性疾病和致病细菌、病毒和寄生虫的分子诊断等。肿瘤细胞中常见多种 DNA 的变异,如基因扩增、染色体异位和病毒基因的插入等,这些基因的变化可通过 Southern 印迹杂交检测。

实验目的

了解和掌握 Southern 印迹杂交的基本原理和操作。

实验原理

Southern 印迹杂交是一种利用标记的探针与膜上靶 DNA 片段进行杂交的技术，检测靶 DNA 片段中是否存在与探针同源的序列，以它的发明者埃德温·迈勒·萨瑟恩 (Edwin Mellor Southern)命名。Southern 印迹杂交的主要步骤包括：①基因组 DNA 的限制性核酸内切酶酶切；②DNA 酶切片段的电泳分离和转移；③杂交及检测。

本实验检测的靶 DNA 为原癌基因 $c-myc$，对 $c-myc$ 基因的扩增、异位等变化均可通过 Southern 印迹杂交来鉴定。基因组 DNA 首先经限制性核酸内切酶酶切成较短的片段并经电泳分开，然后用 0.25 mol/L HCl 脱嘌呤，使 DNA 断成更小的片段便于转移。常用检测 $c-myc$ 基因的限制性核酸内切酶有 EcoRI、Cla I、$Hind$ III、BamH I、Bgl II、Sst I 和 Xba I 等。酶切后的双链 DNA 先经碱变性成为单链，通过毛细管作用印迹到尼龙膜上，并经紫外交联固定；再根据靶 DNA 单链与探针之间的碱基互补原则进行杂交。本实验采用的探针为本章实验四"探针的获取和标记"制得的，对应于 $c-myc$ 的第三个外显子的部分片段，用非放射性标志物 DIG 标记。杂交条带通过碱性磷酸酶标记的 DIG 抗体(anti-DIG-AP)及其酶底物显色。

为了降低背景，减少标记探针的非特异性结合，一般先行预杂交。预杂交液中含 BSA、葡聚糖(Ficoll)、聚乙烯吡咯烷酮(PVP)、去污剂 SDS 和十二烷基肌氨酸钠，以及作为竞争性封闭剂的小分子鲑鱼精 DNA。预杂交完成后加入探针进行杂交。杂交温度的确定除了考虑探针的长度和 G+C 含量外，还要考虑所用探针与被检 DNA 的同源性。杂交温度一般为 Tm-25℃(本实验中为 65～70℃)，若杂交液中加入甲酰胺，可大大降低杂交温度。

实验器材和试剂

1. 器材

电热恒温水浴、电泳仪、台式离心机、紫外交联仪、离心管、移液器及吸头、搪瓷盘、玻璃板、培养皿、尼龙膜、Whatman 滤纸、草纸、保鲜膜、杂交炉、杂交管、镊子、剪刀、刀片、紫外检测仪、量筒等。

2. 试剂

(1) 限制性核酸内切酶 EcoRI 及缓冲液。

(2) 琼脂糖。

（3）6×凝胶加样缓冲液。

（4）λDNA *Hind* Ⅲ marker。

（5）阳性对照：4.8 kb 的 *c - myc* 片段。

（6）0.5 mol/L EDTA(pH 8.0)。

（7）GelRed 核酸染料(10 000×)。

（8）20×SSC 缓冲液：3 mol/L NaCl、0.3 mol/L 柠檬酸钠，pH 7.0。

（9）2.5 mol/L HCl。

（10）10 mol/L NaOH。

（11）10 mg/mL 鲑鱼精 DNA。

（12）10×封闭溶液。

（13）胶变性液：1.5 mol/L NaCl、0.5 mol/L NaOH。

（14）胶中和液：1.5 mol/L NaCl、0.5 mol/L Tris - HCl(pH 7.0)。

（15）预杂交液：5×SSC 缓冲液、0.02％SDS、0.1％十二烷基肌氨酸钠、100 μg/mL 鲑鱼精 DNA、1/10 体积封闭溶液。

（16）杂交液：预杂交液中加入 20 ng/mL 标记探针。

（17）洗膜溶液Ⅰ：2×SSC 缓冲液、0.1％SDS。

（18）洗膜溶液Ⅱ：0.1×SSC 缓冲液、0.1％SDS。

（19）缓冲液Ⅰ（顺丁烯二酸缓冲液）：0.1 mol/L 顺丁烯二酸、0.15 mol/L NaCl，用 NaOH 将 pH 调至 7.5。

（20）缓冲液 2（封闭液）：将 10 倍浓缩的封闭溶液用缓冲液 1 以 1∶10 稀释。

（21）抗体溶液：以 1∶5 000 的比例用缓冲液 2 将 anti - DIG - AP 稀释。

（22）洗膜溶液Ⅲ：缓冲液 1 中加入 0.3％吐温- 20。

（23）缓冲液 3（检测缓冲液）：0.1 mol/L Tris - HCl、0.1 mol/L NaCl、50 mmol/L $MgCl_2$，pH 9.5。

（24）显色底物溶液：必须新鲜配制，将 200 μL NBT/BCIP 浓贮备液加进 10 mL 的缓冲液 3。

（25）缓冲液 4：TE 缓冲液。

📖 **实验步骤**

1. 限制性酶切和电泳分离

（1）在 1.5 mL 离心管中加入 10 μg 基因组 DNA，加去离子水至 12 μL。

（2）加 1.5 μL 10 U *Eco*RI 和 1.5 μL 10×酶反应缓冲液，37℃保温 1.5 h。

（3）制备 1％琼脂糖凝胶。

（4）上样电泳，一共 5 个样：

1）DNA 酶切后的 DNA，加 3 µL 6×加样缓冲液。

2）未经酶切的基因组 DNA 10 µg，加去离子水至 12 µL，加 3 µL 6×加样缓冲液。

3）DNA marker 5 µL，直接上样。

4）阳性对照 600 pg，加去离子水至 12 µL，加 3 µL 6×加样缓冲液。

5）阳性对照 300 pg，加去离子水至 12 µL，加 3 µL 6×加样缓冲液。

（5）插上电源，100 V 电泳，直到溴酚蓝接近凝胶尾部。

（6）紫外检测仪下观察和拍照。

2. 转移

（1）将凝胶浸在 5 倍体积的 0.25 mol/L HCl 中，在室温慢慢摇动 20 min。

（2）去离子水洗 2 次。

（3）再浸在 5 倍体积的胶变性液中，在室温慢慢摇动 15 min；换上新的 5 倍体积的胶变性液，在室温摇动 20 min。

（4）去离子水洗 2 次。

（5）浸在 5 倍体积的胶中和液中，在室温摇动 15 min。

（6）将尼龙膜用铅笔做好标记后浸在 10×SSC 缓冲液中 2 min。

（7）在搪瓷盘中加入 300 mL 10×SSC 缓冲液，放上培养皿和小玻璃板，将 3 张 Whatman 滤纸浸湿，逐张放在玻璃板上，赶走气泡。

（8）将凝胶小心放在滤纸上，赶走滤纸与胶之间的气泡。

（9）再将与胶大小相同的尼龙膜放在胶上，同样不能有气泡，然后放上 3 张浸湿的 Whatman 滤纸。

（10）小心覆盖上一张比搪瓷盘大的保鲜膜。用刀片在滤纸边界内 1～2 mm 处轻轻割断保鲜膜，注意不要割破滤纸。取走切割下的保鲜膜。在滤纸上整齐地堆放约 10 cm 高的吸水纸。

（11）在吸水纸上放上玻璃板，压上约 500 g 的重物，转移过夜。

3. 杂交

（1）取下重物和吸水纸，将胶和尼龙膜一起翻过来，用铅笔深入凝胶的加样槽在尼龙膜上画出槽的位置。

（2）去除凝胶，将尼龙膜取下，在 2×SSC 缓冲液中漂洗后放在紫外交联仪中交联固定。

（3）将尼龙膜放入杂交管内，加入预杂交液，68℃预杂交 6 h。

（4）倒出预杂交液，加入杂交液，68℃杂交过夜。

（5）回收杂交液（可重复使用），将膜放在洗膜溶液Ⅰ中，在室温洗 2 次，每次摇动

5 min。

（6）再在洗膜溶液Ⅱ中，68℃洗 2 次，每次摇动 15 min。

4. 检测

（1）将膜在缓冲液 1 中漂洗 3 min。

（2）在缓冲液 2 中封闭 30 min。

（3）在抗体溶液中于室温孵育 30 min。

（4）用洗膜溶液Ⅲ洗 2 次，每次 15 min。

（5）在缓冲液 3 中平衡 3 min。

（6）将膜与新鲜配制的显色底物溶液一起在黑暗中温育 0.5～16 h。

（7）待膜上条带显色明显时，或在膜背景变深前，用缓冲液 4 冲洗以终止显色。

（8）将湿膜复印或拍照，可将膜自然干燥长期保存。

💡 实验结果

杂交后在尼龙膜上显示出紫色条带（图 3 - 3）：基因组 DNA 经 *Eco*RI 酶切后，杂交片段的大小约为 8.5 kb；未经酶切的 DNA 由于太大，转膜效率差，所以未能显示出条带。DNA marker 在电泳后的凝胶中时，紫外照射下可显示条带起分子量参照作用，但由于不能与探针杂交，所以在尼龙膜上不显示。阳性对照的量越大，条带显色越深。

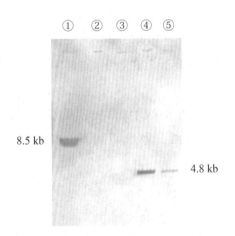

图 3 - 3　*c - myc* 基因的 Southern 印迹杂交结果

①经 *Eco*RI 酶切后的基因组 DNA 杂交后呈现 8.5 kb 的条带；②未经酶切的基因组 DNA 无杂交结果；③DNA marker（不显色）；④阳性对照 600 pg（4.8 kb）；⑤阳性对照 300 pg（4.8 kb）。

⚠ 注意事项

（1）限制性核酸内切酶的用量为 1～5 U/μg DNA，酶切时间可为 1～20 h。

（2）内切酶一般保存在甘油中,过多的甘油会抑制酶活性,因此所加入酶的体积应小于反应总体积的 1/10,否则应将反应体积加大。

（3）标记探针在加入杂交液之前,一定要加热变性处理,并且要先在杂交液中混匀后加入,不要直接加在膜上。

（4）含有 DIG 标记探针的杂交液可以放在−20℃保存,可反复多次使用,每次用前需在 68℃变性。

（5）为了获得最佳效果,第一次使用的探针可做系列模拟杂交,即将小块尼龙膜在不同探针浓度的杂交液中杂交过夜,然后经显色检测,采用背景可以接受的最高探针浓度进行正式杂交。

（6）若需检测多个不同基因,可将第一次杂交后的尼龙膜用碱变性去除探针,再用第二个探针做杂交。

实验六

荧光原位杂交

荧光原位杂交(fluorescence *in situ* hybridization,FISH)是一项在体外直接检测细胞中特定核酸的技术,是 20 世纪 80 年代末期在原有放射性原位杂交技术的基础上发展起来的一种非放射性原位杂交技术。与传统的放射性标记原位杂交相比,荧光原位杂交具有快速、检测信号强、杂交特异性高和可以多重染色等特点,因此在医学科研和临床诊断中受到普遍关注。

实验目的

（1）了解 FISH 的基本原理和操作方法。

（2）熟练掌握荧光显微镜的使用方法及利用 Image J 软件进行图像融合的方法。

实验原理

FISH 的基本原理是用已知的标记单链核酸为探针,按照碱基互补的原则,与待检材料中未知的单链核酸进行特异性结合,形成可被检测的杂交双链。由于探针带有荧光,在合适的激发光照射下,杂交体能够在荧光显微镜下被清楚地观察到。

原癌基因 $c-myc$ 是细胞增殖的主要调节基因,其表达的增强可以启动细胞的非控制性增殖过程,从而促使多种人类肿瘤的发生,$c-myc$ 基因扩增的患者往往预后较差。HL-60 细胞存在 $c-myc$ 基因扩增,可为正常细胞的 8～22 倍。本实验所用的 $c-myc$

位点特异性标记探针 GSP *myc* 是一种由 SpectrumOrange(552/576)直接标记的荧光 DNA 探针,长度为 500 kb,能特异性识别 *myc* 基因位点(位于 8 号染色体 q24)。染色体计数探针 CSP8 是一种由 SpectrumGreen(496/520)直接标记的荧光 DNA 探针,长度为 200 bp,能特异性识别 8 号染色体的着丝粒部位的 α 卫星序列。为方便使用,试剂盒已经将探针和杂交缓冲液预先混匀并预变性。

杂交完成后,可以用 4′,6-二脒基-2-苯基吲哚[4′,6-diamidino-2-phenylindole,DAPI]将细胞核复染成蓝色荧光。

 实验器材和试剂

1. 实验器材

防脱载玻片、20×20 mm 盖玻片、移液器及吸头、荧光显微镜及拍照系统、离心管、离心机、一次性吸管、冰箱、计时器、镊子、橡皮胶、平板加热器、杂交湿盒、电热恒温水浴、玻璃染缸、香柏油、组化笔。

2. 试剂

(1) 1×PBS。

(2) 低渗液(0.075 mol/L KCl):准确称取 5.59 g KCl,加入 500 mL 纯水,充分溶解后,定容至 1 L。

(3) 固定液:甲醇∶冰醋酸(Carnoy 固定液)体积比为 3∶1,在化学通风橱中配制,充分混匀。需使用前临时配制。

(4) 70%、85%、100%梯度乙醇。

(5) 4%多聚甲醛:2~8℃避光保存。

(6) 1%多聚甲醛:4%多聚甲醛经 PBS 稀释。

(7) 洗液Ⅰ(2×SSC 缓冲液):36 mL 去离子水＋4 mL 20×SSC 缓冲液,总体积 40 mL。

(8) 洗液Ⅱ(2×SSC 缓冲液/0.1% NP-40):35.96 mL 去离子水＋4 mL 20×SSC 缓冲液＋40 μL NP-40,总体积 40 mL。

(9) *c-myc* 基因扩增检测试剂盒(含 GSP MYC 和 CSP8 探针)。

实验步骤

1. 样品处理

(1) 取 HL-60 细胞培养悬液 5 mL(共 $1×10^7$ 个),2 000 rpm 离心 5 min,弃上清液。

(2) 加入 10 mL 的低渗液,吹打混匀,静置 3 min。

(3) 37℃水浴箱孵育 30 min。

（4）加固定液 2 mL，吹打混匀，室温预固定 10 min。

（5）2 000 rpm 离心 5 min，弃上清液。

（6）沉淀加固定液 10 mL，吹打混匀，−20℃冰箱静置 30 min。

（7）2 000 rpm 离心 5 min，弃上清液。

（8）用 50 μL 固定液重悬细胞。

2. 制片

（1）取一张干净的防脱载玻片，用组化笔在载玻片中央画一个内径为 5～8 mm 的圆圈。

（2）取 4 μL 细胞悬液滴加到载玻片上的圆圈内，室温晾干，在相差显微镜下观察细胞密度，细胞没有明显重叠，且每个视野中细胞数量为 100～200 个。

（3）将载玻片放在平板加热器上 60℃烤片 30 min。

（4）将载玻片放入 1×PBS 室温洗涤 3 min。

（5）取出载玻片，再将其放入 1‰多聚甲醛/PBS 室温固定 10 min。

（6）取出载玻片，再将其放入 1×PBS 室温洗涤 3 min。

（7）取出载玻片，再将其依次放入 70％、85％、100％梯度乙醇脱水各 2 min。

（8）取出载玻片，室温晾干。

3. 样品和探针同时变性（避光操作）

（1）从 −20℃冰箱中取出杂交液，混匀后瞬时离心。

（2）取 3 μL 的杂交液加到细胞区域，迅速盖上盖玻片，轻压使杂交液均匀分布，赶走气泡。

（3）用橡皮胶沿盖玻片边缘封片，完全封住盖玻片和载玻片接触的部位。

（4）将玻片放在平板加热器上 78℃变性 3 min，放入杂交湿盒。

（5）将湿盒放在 37℃水浴中杂交 10～18 h（注意保证湿盒的平整，避免产生杂交不均匀的现象；该过程必须保证湿盒的湿度）。

4. 杂交后洗涤（避光操作）

（1）将载玻片取出，轻轻撕去橡皮胶。

（2）在玻璃染缸中放入 2×SSC 缓冲液，37℃预温。将载玻片放入其中，1 min 左右后微微摇晃载玻片以移去盖玻片，继续在 37℃的 2×SSC 缓冲液中孵育 10 min，不时上下晃动几次载玻片。

（3）取出载玻片，再将其放入 37℃ 0.1％NP - 40/2×SSC 缓冲液中 6 min。

（4）取出载玻片，室温下将其依次放入 70％、85％、100％乙醇中各脱水 2 min。

（5）取出载玻片，暗处自然干燥。

5. DAPI 复染细胞核（避光操作）

室温下，滴加 3 μL DAPI 复染剂到盖玻片，将载玻片正面翻转朝下，轻放于盖玻片上,注意圆圈区域对准DAPI,将载玻片连同盖玻片翻转过来,轻压盖玻片,避免产生气泡,在暗处存放,待观察。

6. 荧光显微镜观察、拍照(避光操作)

在荧光显微镜下观察结果,分别拍摄红色荧光、绿色荧光和DAPI 3张照片,并进行图片融合。

结果判定:本实验为FISH检测HL-60中的$c-myc$基因扩增情况。绿色探针为染色体着丝粒特异性探针(CSP8),特异性识别8号染色体的着丝粒。红色探针为$c-myc$,特异性识别$c-myc$的基因位点(8q24),DAPI将细胞核染成蓝色。出现2G2O(两绿两红)的细胞记为FISH阴性细胞,出现≥3O的细胞记为FISH阳性细胞。

💡 **实验结果**

使用基因扩增检测试剂盒中的GSP MYC探针(红色)和CSP8探针(绿色)标记细胞。荧光显微镜单通道滤块下可观察到相应颜色信号点(绿色或红色信号点),双通道滤块下可观察到红绿相邻或重叠信号。在100倍油镜下观察不同荧光波长(DAPI:358 nm;GSP8:488 nm;GSP MYC:568 nm)的同一视野荧光分布情况(图3-4)。此视野中可见8个完整的HL-60细胞,尽管GSP8染色较弱,但仔细分辨仍能观察到每个细胞均有2个颗粒状绿色荧光信号。在568 nm波长下可以观察到有4个细胞内呈现出红色大簇团信号,其余4个细胞中分别有2、3、4、5个红色颗粒状荧光信号,提示$c-myc$基因有扩增。

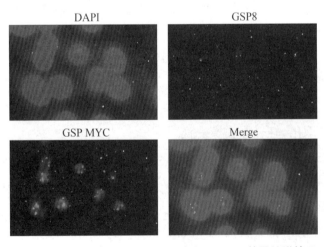

图3-4 FISH实验检测HL-60细胞中$c-myc$基因扩增情况

在荧光显微镜下分别拍摄呈蓝色荧光的细胞核(DAPI)、呈红色荧光的$c-myc$基因(GSP MYC)、呈绿色荧光的8号染色体着丝粒(GSP8)3张照片,并进行图片融合(Merge)。

⚠ 注意事项

（1）实际操作中每个样品至少需要多制一张片，细胞滴片可置于放有无水乙醇的密闭容器中，在－20±5℃可以保存1年。剩余的固定过的细胞悬液可以在2～8℃保存1个月，以便必要时重新制片。

（2）当样本难处理时，如细胞厚、杂质过多、信号较弱等，可选择胃蛋白酶消化法进行载玻片预处理。

1）将载玻片放入37℃的1×PBS中孵育5 min。

2）取出载玻片，再将其放入37℃胃蛋白酶溶液中消化5 min。

（3）DAPI可能是一种诱变剂，应避免吸入或碰到皮肤。探针混合物含有制畸剂甲酰胺，应避免接触到皮肤和黏膜。

（4）溶液、水浴、平板加热器的温度要确保准确。

（5）样本应避免与酸、强碱接触或过分受热。这些情况会损害DNA，从而导致FISH实验失败。

（6）气泡会干扰检测的灵敏度和原位杂交结果，因此必须排除气泡。

（7）将未杂交载玻片干燥后置于－20℃长期保存或者室温短期保存；将杂交后载玻片置于－20℃避光保存，保存期不要超过6个月。

第四章　RNA 研究技术实验

人类基因组计划为揭示生命的奥秘打开了一扇科学之门,但是 DNA 序列本身并不能提供特定基因功能的确切信息,在多细胞生物中,绝大多数 RNA 在基因调控的复杂网络中发挥重要作用。RNA 通过各种类型的剪接、编辑和再编码来控制遗传信息的表达,通过调控和催化蛋白质的生命合成而控制着生命中枢,因此 RNA 的生物功能远超出了简单的遗传信息的传递。作为揭示生命奥秘的重要分子,RNA 的研究将在人类认识生命的本质过程中发挥重要作用。

RNA 的研究始于 19 世纪末,是在 DNA 研究基础上发展起来的。鉴于 RNA 与很多疾病的发生、发展有密切关系,RNA 研究不仅对揭示生命的本质具有重要的理论意义,而且为人类的健康和防病、治病研究提供了新的理论基础。

mRNA 是基因表达和基因功能研究的主要研究对象,同时也是目的基因获取的重要途径,在医学生物学研究中占据着重要的位置,因此 RNA 技术是必须具备的研究技能。

实验一

细胞总 RNA 的制备及其浓度和纯度测定

完整 RNA 的提取和纯化是进行 RNA 相关研究工作,如 Nothern 印迹杂交、mRNA 分离、反转录- PCR(RT - PCR)、实时 PCR(real - time PCR)、cDNA 合成及体外翻译等的前提。

🔖 实验目的

本实验采用 TRIzol 试剂抽提 HL-60 细胞的总 RNA,并用紫外分光光度法测定所抽得的 RNA 浓度并评估其纯度,所抽提的总 RNA 可直接进行反转录。

 **实验原理**

所有 RNA 的提取过程中都有 5 个关键点,即:①样品细胞或组织的有效破碎;②有效地使核蛋白复合体变性;③对内源 RNase 的有效抑制;④将 RNA 从 DNA 与蛋白的混合物中分离;⑤对于多糖含量高的样品还涉及多糖杂质的有效去除。TRIzol 是分离细胞和组织总 RNA 的常用试剂,内含异硫氰酸胍(guanidine isothiocyanate,GITC)和 N-十二烷基肌氨酸钠等物质,能迅速裂解细胞,抑制 RNase 活性,使细胞中的蛋白、核酸物质解聚并保持 RNA 的完整性。加入氯仿后离心,RNA 绝大部分保留于水相。收集水相后,用异丙醇沉淀可获得 RNA。

移去水相后,中间相和有机相中的 DNA 和蛋白质可继续沉淀获得。用乙醇可沉淀中间相的 DNA,用异丙醇可沉淀有机相的蛋白质。

紫外分光光度法不破坏 RNA 结构,所以是最常用的 RNA 定量及纯度评估方法。RNA 有吸收紫外光的性质,吸收高峰在 260 nm 波长处。1 μg/mL RNA 溶液的光吸收值为 0.024。蛋白质由于含有芳香族氨基酸,因此也能吸收紫外光。通常蛋白质的吸收高峰在 280 nm 波长处。RNA 溶液的 260 nm 与 280 nm 吸收比值在 2.0 左右,当样品中蛋白质含量较高时此比值会下降。

实验器材和试剂

1. 实验器材

恒温金属浴、低温高速离心机、NanoDrop 紫外检测仪、移液器及吸头、电泳仪、电泳槽、6 孔板。

2. 试剂

(1) HL-60 细胞。

(2) 0.01 mol/L c-myc 抑制剂 10058-F4。

(3) TRIzol。

(4) 氯仿、异丙醇。

(5) 75%乙醇(用 DEPC 处理水配制)。

(6) DMSO。

(7) 无 RNase 水。

实验步骤

1. 细胞的药物处理及收集

(1) HL-60 细胞(1×10^6 个/mL)接种于 6 孔板,每孔 2 mL,一共接种 2 孔。

(2) 向其中一孔中加入 4 μL 10058 - F4,标记为"实验组";另一孔中加入等体积 DMSO 作为"对照组",继续培养 24 h。

(3) 取 2 支无 RNase 的 1.5 mL 离心管,分别标记为"实验组"及"对照组"。

(4) 吹打细胞团使之分散为单细胞,分别取 1 mL 细胞加入相应的 1.5 mL 离心管中,4℃ 3 000 rpm 离心 5 min,弃上清液。

(5) 分别向细胞沉淀中加入相应的剩余的 1 mL 细胞,4℃ 3 000 rpm 离心 5 min,弃上清液。

2. 用 TRIzol 试剂抽提细胞总 RNA

(1) 分别向 2 组细胞沉淀中加入 0.6 mL TRIzol 试剂,用移液器抽吸液体数次,30℃放置 5 min,直至液体通亮。

(2) 向液体中加入 120 μL 氯仿,盖紧管盖,用力摇晃 15 s,30℃放置 2～3 min。

(3) 4℃ 12 000×g 离心 15 min。离心结束后液体分为 3 相:最下层的有机相、中间相及上层水相。RNA 绝大多数留于水相中。

(4) 小心地将上层水相移入新的 1.5 mL 离心管。

(5) 向水相中加入 300 μL 异丙醇,混匀,30℃放置 10 min。

(6) 4℃ 12 000×g 离心 10 min,弃上清液。

(7) 向沉淀中加入 600 μL 的 75% 乙醇(DEPC 水配制),混匀,4℃ 7 500×g 离心 5 min,弃上清液。

(8) 待沉淀干燥后加入无 RNase 水 20 μL,60℃孵育 10 min 令其溶解,立即保存于 -80℃冰箱中,或立即用于反转录。

3. RNA 浓度测定及纯度评估(紫外分光光度法)

使用 NanoDrop 紫外检测仪,在样品加样处滴加 RNA 样品 2 μL,以无 RNase 水为参照,测得 OD_{260} 和 OD_{280} 的值,按下面的公式计算 RNA 的浓度:

$$RNA \ 浓度(μg/mL) = \frac{OD_{260}}{0.024 \times D} \times 稀释倍数 \qquad (式 4-1)$$

式中,D 为比色杯的光径(cm)。根据 OD_{260}/OD_{280} 的比值推测所抽提 RNA 的纯度。

注意事项

（1）为防止外源性 RNase 的污染，所有的器材都要经过 DEPC 浸泡并高压消毒后才可以使用；戴口罩和手套操作，用干净镊子去夹取所需耗材；所需要的氯仿、乙醇、异丙醇等均应保证没有被 RNase 污染。

（2）吸取上层水相时一定不要吸到中间层或下层有机相，以防 DNA 或蛋白质污染。

（3）纯 RNA 的 OD_{260}/OD_{280} 的比值为 2.0。当比值在 1.8～2.0 范围内时，RNA 样品中蛋白质或者其他有机物的污染是可以接受的。当比值＜1.8时，溶液中蛋白质或者其他有机物的污染比较明显；当比值＞2.2时，说明 RNA 可能已经降解成单核苷酸。

（4）TRIzol 试剂有毒，应谨慎操作。若与皮肤接触后，用清洗剂充分水洗。若感觉不适，应速去就医。

实验二

RNA 的反转录

反转录是以 RNA 为模板通过反转录酶合成 DNA 的过程，是 DNA 生物合成的一种特殊方式。依赖 RNA 的 DNA 聚合酶（反转录酶）以 dNTPs 为底物，以 RNA 为模板，在引物的末端按 $5'{\rightarrow}3'$ 方向合成一条与 RNA 模板互补的 DNA 单链，这条 DNA 单链称为互补 DNA（complementary DNA，cDNA）。cDNA 合成是基因表达研究的关键。

实验目的

本实验中采用 cDNA 第一链合成试剂盒对细胞 mRNA 进行反转录合成 cDNA 第一链。

实验原理

所有合成 cDNA 第一链的方法都需要反转录酶的催化。目前商品化的反转录酶有从禽类成髓细胞瘤病毒（avian myeloblastosis virus，AMV）纯化得到的和来自莫洛尼鼠白血病反转录病毒（Moloney murine leukemia retrovirus，MMLV）的。AMV 反转录酶包括 2 个多肽亚基，具有若干种酶活性，包括依赖 RNA 的 DNA 合成活性，依赖 DNA 的 DNA 合成活性以及对 DNA：RNA 杂交体中的 RNA 链进行降解（RNase H）的活性。MMLV 反转录酶只有单个多肽亚基，兼备依赖于 RNA 和依赖于 DNA 的 DNA 合成活性,但 RNase H 的活性较弱,且热稳定性较 AMV 反转录酶差。本实验中采用的是 MMLV 反转录酶(M - MuLV RT)。

cDNA 合成最常用的引物有 3 种:oligo(dT)引物、随机引物及基因特异性引物。oligo(dT)长度一般为 12~18 个核苷酸,与真核细胞 mRNA 分子 3′端 poly(A)结合;随机引物适用于长的或具有发卡结构的 RNA 反转录反应;基因特异性引物是与模板序列互补的引物,适用于序列已知的情况。反转录时可以根据具体情况选择引物,对于短的不具有发卡结构的真核细胞 mRNA,3 种引物都可以。

实验器材和试剂

1. 实验器材

恒温金属浴、台式低速离心机、PCR 仪、移液器及吸头、离心管、无 RNase 的 0.2 mL 薄壁管。

2. 试剂

(1) cDNA 第一链合成试剂盒,内含:

1) M - MuLV 反转录酶(200 U/μL)。

2) 5× 反应缓冲液:(0.25 mol/L Tris - HCl(pH 8.3)、0.05 mol/L KCl、0.02 mol/L $MgCl_2$、0.05 mol/L DTT)。

3) Oligo(dT)$_{18}$ 引物:1×10^{-4} mol/L。

4) dNTP 混合物:0.01 mol/L。

5) 无 RNase 水。

6) RNase 抑制剂。

(2) 对照组 HL-60 细胞总 RNA(由本章实验一"细胞总 RNA 的制备及浓度和纯度测定"制得)。

(3) 实验组(*c - myc* 抑制剂 10058 - F4 处理组)HL-60 细胞总 RNA(由本章实验一"细胞总 RNA 的制备及浓度和纯度测定"制得)

实验步骤

(1) 取 2 支无 RNase 的 0.2 mL 薄壁管,标记为"实验组"和"对照组",分别加入:

RNA	1 μg(根据浓度计算所需体积,最大体积 11 μL)
Oligo(dT)$_{18}$ 引物 1×10^{-4} mol/L	1 μL
5×反应缓冲液	4 μL
RNase 抑制剂	1 μL
0.01 mol/L dNTP 混合物	2 μL

M - MuLV RT	$1\,\mu L$
无 RNase 水	（根据已加 RNA 体积计算所需体积）
总体积	$20\,\mu L$

（2）42℃孵育 60 min。

（3）70℃孵育 5 min 以终止反应。

⚠ 注意事项

（1）防止外源性 RNase 的污染,所有的器材都要经过 DEPC 浸泡并高压消毒后才可以使用;实验全程戴口罩和手套操作。

（2）所合成的第一链可直接用于第二链合成。

（3）MMLV 反转录酶的 RNase H 活性比较弱,因此能合成较长的 cDNA（如＞3 kb）。

实验三

实时荧光定量 PCR

实时荧光定量 PCR(quantitative real-time PCR,qRT - PCR)是指在含有荧光指示剂的 PCR 反应体系中实时监测扩增过程中积累的荧光信号,对起始模板进行定量分析的方法。

📋 实验目的

本实验利用 SYBR Green Ⅰ荧光染料,采用 qRT - PCR 技术对 HL-60 细胞中 c - myc 基因的表达水平进行相对定量,从而观察 c - myc 抑制剂 10058 - F4 对 c - myc mRNA 表达水平的影响。

⚙ 实验原理

SYBR Green Ⅰ是一种只与 DNA 双链结合的荧光染料,在游离状态下,SYBR Green Ⅰ发出微弱的荧光,一旦与双链 DNA 结合后,荧光显著增强。因此,在一个体系内荧光信号强度代表了双链 DNA 分子的数量,从而保证荧光信号的增加与 PCR 产物增加完全同步。

一般情况下,qRT - PCR 前 15 个循环的荧光信号是本底信号(baseline,基线期)。在荧光扩增曲线上人为设定一个荧光强度为阈值,阈值的缺省设置是 3～15 个循环的荧光信号标准偏差的 10 倍(也可进行适当调整)。阈值所在的横线与 PCR 扩增曲线的交点所对应的循环次数即 Ct 值。Ct 值与模板 DNA 的起始拷贝数成反比,DNA 拷贝数越高,Ct 值越小。这样,通过检测每个循环的荧光强度,使得通过对 PCR 产物的实时监测来定量起始模板核酸成为可能。

定量 PCR 可以分为相对定量和绝对定量两种。典型的相对定量如比较不同处理的 2 个样本中特定基因表达水平的不同,得到的结果是比值;绝对定量则需要使用标准曲线确定样本中基因的拷贝数或浓度。无论绝对定量还是相对定量,在得到实验结果后,还要考虑数据之间的可比性问题,只有将这些数据归一到以拷贝/细胞或拷贝/基因组为单位后,才可进行严格意义上的比较。这种校正可以通过适当的参比来完成。参比一般选用 β-actin、GAPDH、rRNA 基因等管家基因。由于它们在细胞中的表达量或在基因组中的拷贝数是恒定的,受环境因素影响较小,其定量结果代表了样本中所含细胞或基因组的数量。

SYBR Green Ⅰ 染料没有序列特异性,对 DNA 模板没有选择性,可以结合到包括非特异产物和引物二聚体在内的任何双链 DNA 上,因此有必要区分目标信号和假信号。绘制熔解曲线可以用来判断 PCR 扩增的特异性。在整个 PCR 完成后将温度从 60℃升至 95℃,荧光信号逐渐下降,且 Tm 值下降最快。为方便分析,将温度与荧光强度的变化求导,即得到单峰的熔解曲线。

实验器材和试剂

1. 实验器材

荧光定量 PCR 管、PCR 管离心机、实时荧光定量 PCR 仪、1.5 mL 离心管、移液器及吸头。

2. 试剂

(1) SYBR Green Master Mixes。

(2) 无 RNase 水。

(3) c-myc 引物 1(1×10^{-4} mol/L);c-myc 引物 2(1×10^{-4} mol/L)。

(4) β-actin 引物 1(1×10^{-4} mol/L);β-actin 引物 2(1×10^{-4} mol/L)。

(5) 对照组 cDNA:HL-60 细胞 cDNA。

(6) 实验组 cDNA:经 10058-F4 处理过的 HL-60 细胞 cDNA。

实验步骤

(1) 实验分 3 组:对照组、实验组、空白组。每组样品均检测 c-myc 基因及 β-actin 基因,各设 4 个复孔,共 24 个反应孔。

（2）稀释 cDNA 样品：向对照组 cDNA(20 μL)和实验组 cDNA(20 μL)样品中分别加入无 RNase 水 60 μL，4 倍稀释。

（3）在荧光定量 PCR 管中加样：

Master Mixes	10 μL
$c-myc$ 或 $\beta-actin$ 引物 1(1×10^{-4} mol/L)	0.5 μL
$c-myc$ 或 $\beta-actin$ 引物 2(1×10^{-4} mol/L)	0.5 μL
无 RNase 水	7 μL
模板 cDNA	2 μL
总体积	20 μL

其中，模板 cDNA 为稀释过的对照组或实验组 cDNA，空白组中为无 RNase 水。

（4）盖紧荧光定量 PCR 管的盖子，短暂离心，去除气泡，放入荧光定量 PCR 仪中，按以下程序进行扩增：

1）95℃ 10 min。

2）进入循环：$\left.\begin{array}{l}95℃\ 15\ s\\60℃\ 60\ s\end{array}\right\}$40 个循环

3）绘制熔解曲线。

（5）实验结果计算及分析：本实验通过 qRT‑PCR 的方法检测经 10058‑F4 处理后 HL‑60 细胞中 $c-myc$ 基因的表达水平变化。根据各样品的 Ct 值对基因表达水平的变化做相对定量。

1）荧光定量 PCR 反应的质量控制：①基线期曲线平直无上扬，各扩增曲线平行性好。②空白组中的模板 DNA 以水来代替，用于检验是否存在污染；空白组的 Ct 值应该检测不到。③熔解曲线应为单峰，说明扩增反应具有很好的特异性。④理想的 Ct 值范围在 18～35 之间，过大或过小都会影响实验数据的精度。

2）$c-myc$ 表达水平的相对定量计算：①每个样品 4 个复孔的 Ct 值取平均值，以下步骤均用平均 Ct 值来计算；②实验组的△Ct＝实验组中 $c-myc$ 的平均 Ct 值－实验组中 $\beta-actin$ 的平均 Ct 值；③对照组的△Ct＝对照组中 $c-myc$ 的平均 Ct 值－对照组中 $\beta-actin$ 的平均 Ct 值；④△△Ct＝实验组的△Ct－对照组的△Ct；⑤$c-myc$ 基因表达水平的变化＝$2^{-\triangle\triangle Ct}$；⑥将 $c-myc$ 基因表达水平的变化结果以柱状图形式表示。

💡 实验结果

空白组的 Ct 值均未检测到。实验组和对照组的 $c-myc$ 和 $\beta-actin$ 的 Ct 值见表 4‑1，经 $2^{-\triangle\triangle Ct}$ 法得出经 10058‑F4 作用 24 h 后 HL-60 细胞中 $c-myc$ 基因表达水

平下调至对照组的 26%（图 4 - 1）。计算过程见表 4 - 1；扩增曲线和熔解曲线见图 4 - 2。

表 4 - 1　*c*-*myc* 和 β-*actin* 的 Ct 值及 *c*-*myc* 基因的变化倍数计算过程

组　别		Ct 值							$2^{-\triangle\triangle Ct}$
		复孔 1	复孔 2	复孔 3	复孔 4	平均值	$\triangle Ct$	$\triangle\triangle Ct$	
实验组	*c* - *myc*	21.81	21.38	21.76	21.64	21.65	5.54	1.95	0.26
	β - *actin*	16.17	15.98	16.13	16.17	16.11			
对照组	*c* - *myc*	18.98	19.25	19.58	19.13	19.24	3.59		
	β - *actin*	15.87	15.51	15.47	15.76	15.65			

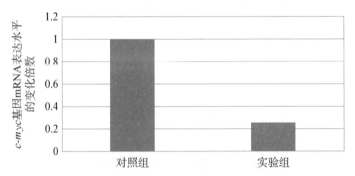

图 4 - 1　10058 - F4 对 HL-60 细胞 *c* - *myc* 基因 mRNA 表达水平的影响

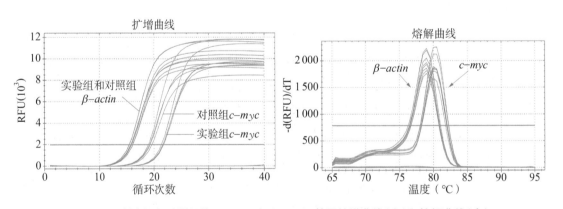

图 4 - 2　实验组和对照组的 *c* - *myc* 和 β - *actin* 基因扩增曲线（左）和熔解曲线（右）

⚠ 注意事项

（1）Ct 值是一个完全客观的参数，Ct 值的大小取决于阈值，阈值取决于基线，基线取决于实验的质量。Ct 值越小，模板 DNA 的起始拷贝数越多；Ct 值越大，模板 DNA

的起始拷贝数越少。

（2）实验中的误差是不可避免的，设立重复实验，对数据进行统计处理，可以将误差降低到最小。所以定量实验的每个样本至少要重复3次以上，严格的定量更应当重复6～8次，以满足小样本统计的要求。

（3）本实验中所用的 Taq DNA 聚合酶是热启动酶，需要 10 min 的激活时间，以发挥酶的最佳扩增活性。因此，在进入 PCR 循环前需要 10 min 的热启动时间。

（4）实验操作需全程佩戴一次性手套和口罩，防止交叉污染。

实验四

RNA 干扰技术

RNA 干扰（RNA interfering，RNAi）是由双链 RNA（double-stranded RNA，dsRNA）诱发的同源 mRNA 高效特异性降解的现象，广泛存在于生物体内。由于 RNAi 具有高度的序列专一性，可以特异地将特定基因沉默，从而获得基因功能丧失或基因表达量的降低，因此可以作为功能基因组学研究的一种强有力的工具。RNAi 技术已被广泛应用于探索基因功能，筛选药物靶点，分析细胞信号传导通路和疾病治疗等领域。

实验目的

通过用 RNAi 技术敲低乳腺癌细胞 MB－MDA－231 中 $p65$ 表达的实验，掌握 RNAi 的原理，并熟悉脂质体转染小干扰 RNA（small interfering RNA，siRNA）技术。

实验原理

将与 mRNA 对应的正义 RNA 和反义 RNA 组成的 dsRNA 导入细胞，可以诱导与之同源的 mRNA 发生特异性降解，导致基因沉默。这种转录后基因沉默机制（post-transcriptional gene silencing，PTGS）被称为 RNAi。siRNA 作为 RNAi 的中介分子，是一种具有 $3'$ 两个核苷酸 TT 突出末端的 21～23 bp 的 dsRNA，通过序列互补配对法则特异性降解目的基因。目前，较为常用的制备 siRNA 的方法有化学合成、体外转录、体外消化 dsRNAs，以及通过 siRNA 表达载体或者 PCR 制备的 siRNA 表达框在细胞中表达产生 siRNA。

阳离子脂类可以与 DNA 或 RNA 自动形成可与细胞膜融合的单层外壳，从而将 DNA 导入细胞内。这是因为脂类的头部基团之间的离子相互作用，以及脂类的头部基团携带很强的正电荷可中和 DNA 磷酸基团的负电荷。本实验利用化学合成的 siRNA,通过脂质体介导转染乳腺癌细胞 MB - MDA - 231 以沉默靶基因 $p65$ 的表达。本实验 siRNA 带有标志物 FAM,因此转染 6 h 后,可利用荧光显微镜或流式细胞仪监测转染率。转染 24 h 后利用实时 PCR、Western Blot 检测干扰效果。

实验器材和试剂

1. 实验器材

35 mm 培养皿、NanoDrop 紫外检测仪、荧光显微镜、PCR 管、电泳仪、垂直电泳槽、转膜仪、凝胶成像系统、qRT - PCR 仪、1.5 mL 离心管、移液器及吸头。

2. 试剂

（1）MB - MDA - 231 细胞及 Opti - MEM Ⅰ 培养基。

（2）胰酶。

（3）Lipofectamine 2000。

（4）$p65$ siRNA 和阴性对照 siRNA。

（5）无 RNase 水。

（6）TRIzol 试剂。

（7）RIPA。

（8）cDNA 第一链合成试剂盒。

（9）$p65$ 上、下游引物(1×10^{-4} mol/L)。

（10）β - $actin$ 上、下游引物(1×10^{-4} mol/L)。

（11）小鼠抗人 p65 单克隆抗体、小鼠抗人 β - actin、HRP 标记的山羊抗小鼠 IgG 抗体、化学发光底物液。

实验步骤

（1）取对数生长期的 MB - MDA - 231 细胞,用胰酶消化细胞并计数后调整细胞浓度,以 3×10^{5} 个/皿接种于 35 mm 培养皿中,以使其在转染当天密度达 90%。加入 2 ml 含血清、不含抗生素的生长培养基,37℃ 5%CO_2 培养 24 h。

（2）准备 siRNA-Lipofectamine 2000 转染复合物。分为 2 组,即实验组和阴性对照组。

1）在一个 1.5 mL Eppendorf 管中用 400 μL 无血清 Opti - MEM Ⅰ 培养基稀释 0.8 μg siRNA($p65$ siRNA 或阴性对照 siRNA),轻轻混匀。

2）在另一个 1.5 mL Eppendorf 管中用 400 μL 无血清 Opti - MEM Ⅰ 培养基稀释 2.0 μL Lipofectamine 2000,轻轻混匀。

3）混合稀释的 siRNA 和 Lipofectamine 2000,轻轻混匀,室温放置 20 min,以形成转染复合物。

（3）分别把 800 μL 的实验组或阴性对照组转染复合物加到转接的细胞中,轻轻前后晃动混匀(不需要更换细胞培养液)。

（4）放入细胞培养箱中培养,在转染后 4～6 h 更换培养液不会影响转染效果。

（5）6～24 h 后在荧光显微镜下观察转染效率。

（6）实时 PCR 检测 RNA 干扰效果

1）转染 24～48 h 后用 TRIzol 法抽提细胞 RNA,所抽提的 RNA 用 30 μL DEPC 处理水溶解,用 NanoDrop 紫外检测仪测定 RNA 的浓度和纯度,－70℃保存。

2）反转录(使用 cDNA 第一链合成试剂盒)。

A. 取 1.5 mL 离心管,在冰上加入:

模板 RNA(总 RNA)	2 μg
Oligo(dT)18 引物(0.5 μg/μL)	1 μL
DEPC 处理水	至 12 μL

轻轻混匀,短暂离心。于 70℃孵育 5 min,冰上冷却,离心以收集液滴。

B. 在冰上顺序加入下列成分:

5×反应缓冲液	4 μL
核糖核酸酶抑制剂(20 U/μL)	1 μL
0.01 mol/L dNTP 混合物	2 μL

轻轻混匀,短暂离心以收集液滴。37℃孵育 5 min。

C. 加入反转录酶(M-MuLV 反转录酶)(200 U/μL)1 μL。终体积为 20 μL。

D. 42℃孵育 60 min。72℃终止反应 10 min,冰上冷却。保存于－20℃。

3）qRT-PCR 检测 $p65$ 表达水平的变化,PCR 体系(25 μL)。

A. 反转录后的 cDNA 用消毒去离子水稀释 10 倍后应用,qRT-PCR 体系如下,每一样品采用 3 复孔。

cDNA	5 μL
1×10^{-5} mol/L 上游引物	0.5 μL
1×10^{-5} mol/L 下游引物	0.5 μL
qRT-PCR 混合物	12.5 μL
去离子水	6.5 μL
总体积	25 μL

其中阴性对照用去离子水替代 cDNA。

B. qRT - PCR 循环参数：

$$
\left.\begin{array}{lll}
95℃ & 3\ \mathrm{min} \\
95℃\ \text{变性} & 30\ \mathrm{s} \\
55℃\ \text{退火} & 45\ \mathrm{s} \\
72℃\ \text{延伸} & 45\ \mathrm{s}
\end{array}\right\} 40\ \text{个循环}
$$

在每个循环退火与延伸时读取荧光强度。

C. 用 β - $actin$ 为内参，用 $2^{-\triangle\triangle Ct}$ 法计算 $p65$ 的干扰效率。

（7）Western Blot 检测 RNA 干扰效果：转染 24～48h 后用 RIPA 抽提细胞总蛋白，经 SDS - PAGE 后转移到 PFDV 膜上，用小鼠抗人 p65 单克隆抗体检测干扰效果。

💡 **实验结果**

转染 6～24h 后在荧光显微镜下观察到的转染效果见图 4 - 3。siRNA 干扰 p65 的表达水平见图 4 - 4。

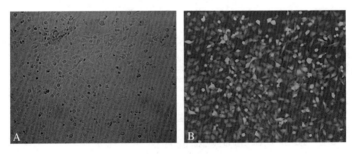

图 4 - 3 荧光显微镜下观察转染效率

A. 明场；B. 荧光。

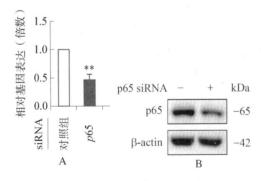

图 4 - 4 p65 的 siRNA 干扰效果

A. qRT - RCR 结果，＊＊表示 $P<0.01$；B. Western Blot 结果。

⚠️ **注意事项**

（1）由于实验条件等差异，不能保证所选择的 siRNA 序列一定有干扰效果，因此设计实验时需设计若干个不同的（一般最少 3 个）siRNA 序列，同时要设立阴性对照。

（2）由于实验环境中 RNase 普遍存在，如皮肤、头发、所有徒手接触过的物品或暴露在空气中的物品等，因此保证实验每个步骤不受 RNase 污染非常重要。

（3）健康的细胞培养物和严格的操作确保转染的重复性。通常，健康的细胞转染效率较高。此外，较低的传代次数能确保每次实验所用细胞的稳定性。为优化试验，推荐使用 50 代以下的细胞进行转染。

（4）从细胞种植到转染后 72 h，其间避免使用抗生素。抗生素会在穿透的细胞中积累毒素。

（5）通过合适的阳性对照优化转染和检测条件。对多数细胞而言，管家基因是较好的阳性对照。

实验五

染色质免疫共沉淀技术

染色质免疫共沉淀（chromatin immunoprecipitation，ChIP）技术是一种基于抗体的强大的研究技术，可用来选择性地使特异性 DNA 结合蛋白及其 DNA 靶标富集，通过蛋白质与 DNA 相互作用来分析目标基因活性以及已知蛋白质的靶基因，被广泛应用于体内转录调控因子与靶基因启动子上特异核苷酸序列结合方面的研究。

实验目的

通过检测乳腺癌细胞 MB–MDA–231 中 p65 转录水平调节 miR–21 表达掌握 ChIP 技术实验的原理和操作技术，并了解其应用。

实验原理

ChIP 技术的原理是在活细胞状态下固定蛋白质-DNA 复合物，并将其随机切断为一定长度范围内的染色质小片段，然后通过免疫学方法沉淀此复合体，特异性地富集目的蛋白结合的 DNA 片段，通过对目的片段的纯化与检测，从而获得蛋白质与 DNA 相互作用的信息，常用于研究某个转录因子或者蛋白质是否转录调控其预期靶基因。ChIP 使用可选择性检测和结合蛋白的抗体，包括组蛋白、组蛋白修饰、转录因子、辅因子，以提供有关染色质状态和基因转录的信息。ChIP 可用来研究某种特殊的蛋白-DNA 相互作用、多种蛋白-DNA 相互作用、全基因组或部分基因内的相互作用。

p65 结合 miR–21 的启动子调控 miR–21 的表达。本实验用 p65 的 siRNA 下调乳腺癌细胞 MB–MDA–231 中 p65 的表达水平，采用 ChIP 试剂盒完成 ChIP 实验，以验证 p65 转录水平下调后结合于 miR-21 的启动子减少,从而调节 miR-21 的表达。

实验器材和试剂

(1) 乳腺癌细胞 MB-MDA-231 及培养基。

(2) 甲醛。

(3) ChIP 试剂盒。内含:

1) 10×甘氨酸溶液(10×)。

2) ChIP 超声细胞裂解缓冲液(PIC)(2×)。

3) ChIP 超声核裂解缓冲液。

4) ChIP 缓冲液(10×)。

5) ChIP 洗脱缓冲液(2×)。

6) 5 mol/L NaCl。

7) ChIP 级蛋白 G 磁珠。

8) DNA 结合缓冲液。

9) DNA 洗涤缓冲液(使用前加 24 mL 乙醇)。

10) DNA 洗脱缓冲液。

11) DNA 纯化柱和收集管。

12) 蛋白酶抑制剂混合物(200×)。

13) RNase A (10 mg/ml)。

14) 蛋白酶 K(20 mg/ml)。

15) 人 RPL30 外显子 3 引物 1。

16) 小鼠 RPL30 内含子 2 引物 1。

17) 兔抗人组蛋白 H3 单抗(ChIP Formulated)。

18) 正常对照兔 IgG。

(4) 兔抗人 p65 单克隆抗体。

(5) 1×ChIP 超声细胞裂解缓冲液(PIC):取 2×ChIP 超声细胞裂解缓冲液和等量双蒸水混合,每毫升 1×ChIP 超声细胞裂解缓冲液中加入 5 μL 200×PIC。

(6) 1×PIC-PBS:取 10 μL PIC,用 2 mL PBS 稀释置于冰上备用,每份样品需 2 mL。

(7) ChIP 超声核裂解缓冲液:取 1 mL ChIP 超声核裂解缓冲液,加入 5 μL 200×PIC。

(8) 1×ChIP 缓冲液:加热 10×ChIP 缓冲液并确保 SDS 完全溶解,1 份体积的 10×ChIP 缓冲液与 9 份体积的双蒸水充分混匀。

(9) 高盐 1×ChIP 缓冲液:取 1 mL 1×ChIP 缓冲液加入 70 μL 5 mol/L NaCl。

（10）1×ChIP洗脱缓冲液：于37℃水浴中加热2×ChIP洗脱缓冲液并确保SDS处于溶液中，取等体积的2×ChIP洗脱缓冲液和双蒸水混匀备用。

（11）无核酸酶水。

（12）150 mm细胞培养皿、细胞刮刀、15 mL/1.5 mL离心管、Branson Digital Sonifier D250探头超声仪、离心机、金属浴、磁力分离架、旋转混合仪。

📖 实验步骤

1. 细胞交联和样品制备

为获得最佳ChIP结果，每次进行免疫沉淀使用大约$4×10^6$个细胞。准备siCON-PLC/PRF/5和siSPTBN1-PLC/PRF/5两组细胞样品，每组至少需1个细胞汇合度在90%以上的150 mm培养皿。

（1）向含有20 mL培养液的每个150 mm培养皿中加入540 μL37%甲醛，使甲醛终浓度为1%。短暂旋转混合并在室温下孵育10 min。

（2）再加入2 mL 10×甘氨酸，短暂旋转混合，并在室温下孵育5 min，以终止甲醛的固定作用。

（3）弃去培养液，并用20 mL预冷的PBS洗涤细胞2次。

（4）加入2 mL预冷的1×PIC-PBS，用细胞刮刀将细胞收集到缓冲液中，转移至15 mL离心管。

（5）将15 mL离心管放入预冷离心机中，4℃ 1 000×g离心5 min，弃上清液。

（6）向15 mL离心管中加入1 mL 1×PIC重悬细胞，使细胞浓度在$2×10^7$个/mL，并立即进行细胞核制备和染色质片段化。

2. 细胞核制备和染色质片段化

（1）将上一步骤的15 mL离心管中的细胞置冰上孵育10 min，然后4℃、5 000×g离心5 min沉淀细胞。弃上清液并再次将沉淀重悬于1 mL 1×PIC中，冰上孵育5 min。再次4℃、5 000×g离心5 min沉淀细胞。

（2）将沉淀重悬于1 mL ChIP超声核裂解缓冲液中，并在冰上孵育10 min。将1 mL细胞悬液平均转移到2个1.5 mL离心管中进行超声处理。

（3）将1.5 mL离心管放入超声仪中，超声破碎。条件为Branson Digital Sonifier D250探头超声仪，以50%振幅，1 s破碎，1 s间隙，4 min为1个循环，处理时间为8 min，即2个循环，可提供良好的碎片和染色质IP效率。注意：保持离心管处在冰水浴中，避免探头接触管的底部或壁。超声处理过程中，如果染色质样品发泡，停止超声处理并调整离心管的位置。

（4）超声后，将离心管于4℃ 14 000×g离心10 min澄清裂解物。

(5) 将上清液转移至新离心管中,分析染色质浓度后,可立即用于免疫沉淀或贮存于—80℃直至进一步使用。

3. 分析染色质浓度

(1) 从澄清裂解物中取出 50 μL 样品,加入 100 μL 无核酸酶水,6 μL 5 mol/L NaCl 和 2 μL RNase A,涡旋混合并在 37℃ 孵育 30 min。

(2) 向每管样品中加入 2 μL 蛋白酶 K,涡旋混合并 65℃ 孵育 2 h。

(3) 使用 DNA 纯化离心柱从样品中纯化 DNA。

(4) DNA 纯化后,取出 10 μL 样品,通过琼脂糖凝胶电泳确定 DNA 片段大小。

(5) 测定 DNA 浓度。理想情况下,DNA 浓度应在 50~200 μg/mL。

4. 染色质免疫沉淀和清洗

(1) 将 2 组超声破碎离心后的染色质样品用 1×ChIP 超声核裂解缓冲液稀释至 DNA 浓度为 50 μg/mL,再取 1 体积稀释后的液体加入 4 体积的 1×ChIP 缓冲液,使最终 DNA 浓度为 10 μg/mL。

(2) 将 2 组 DNA 终浓度为 10 μg/mL 的样品,以 500 μL 为 1 份分装至 1.5 mL 离心管中,每组 3 份,分别加入如下抗体:阳性对照组,兔抗人组蛋白 H₃ 10 μL;正常对照组,兔抗人 IgG 2.5 μL;实验组,兔抗人 p65 抗体 20 μL。将这 6 份 IP 样品在 4℃ 旋转孵育过夜。

(3) 在 2 组 DNA 终浓度为 10 μg/mL 的样品中取 10 μL 转移到 200 μL 离心管中,作为 2% Input 样品,贮存在 —20℃ 直到进一步使用。

(4) 轻轻涡旋重悬 ChIP 级蛋白 G 磁珠,取 240 μL 磁珠用 PBS 洗 3 次,每次 3 min。将蛋白 G 磁珠均分为 6 份,添加到每个 IP 样品中,4℃ 旋转孵育 2 h。

(5) 将 1.5 mL 离心管放置在磁力分离架中沉淀蛋白 G 磁珠。等待 2~5 min,然后小心地取出上清液。

(6) 低盐洗涤:向含有蛋白 G 磁珠的离心管中加入 1 mL 1×ChIP 缓冲液,4℃ 旋转孵育 5 min。重复步骤 5 和前述步骤 2 次,共进行 3 次低盐洗涤。

(7) 高盐洗涤:向含有蛋白 G 磁珠的离心管中加入 1 mL 高盐 1×ChIP 缓冲液并在 4℃ 下旋转孵育 5 min,然后放置在磁力分离架中沉淀蛋白 G 磁珠。等待 2~5 min,然后小心地取出上清液。

5. 洗脱染色质和交联反转

(1) 向 2% Input 样品管中加入 150 μL 1×ChIP 洗脱缓冲液并在室温下放置。

(2) 向每个 IP 样品中加入 150 μL 1×ChIP 洗脱缓冲液,在 65℃ 水浴条件下洗脱染色质 30 min,每间隔 5 min 以 1200 rpm 轻轻涡旋。

(3) 将样品以 10 000×g 离心 10 s,以从管盖上除去蒸发的样品。将含蛋白 G 磁珠的离心管放在磁力分离架上,等待 2~5 min 使溶液澄清,小心地将洗脱的染色质上清液转移到新离心管中。

（4）对于所有样品［包括来自"步骤（1）"的 2% Input 样品］，每管加入 6 μL 5 mol/L NaCl 和 2 μL 蛋白酶 K 进行反向交联，并在 65℃ 水浴锅中孵育 2 h 或者过夜孵育。

6. DNA 纯化

（1）孵育结束后，向每管样品中加入 750 μL DNA 结合缓冲液并短暂涡旋。

（2）将 450 μL 上述每种染色质样品转移至收集管中的 DNA 纯化柱中，室温 12 000 rpm 离心 1 min。

（3）从收集管中取出 DNA 纯化柱，丢弃液体，将剩余的 450 μL 样品再转移到的 DNA 纯化柱中。

（4）重复步骤（2）和（3）。

（5）将 750 μL 的 DNA 洗涤缓冲液加至 DNA 纯化柱中，室温 12 000 rpm 离心 1 min。

（6）丢弃液体，室温 12 000 rpm 离心 1 min。丢弃收集管和液体，保留 DNA 纯化柱。

（7）向每个 DNA 纯化柱中加入 50 μL DNA 洗脱缓冲液，将 DNA 纯化柱置于干净的 1.5 mL 离心管中，室温 12 000 rpm 离心 1 min 以洗脱 DNA。

（8）取出并丢弃 DNA 纯化柱，离心管中即为纯化的 DNA，行后续实验或者贮存在 −20℃。

7. qRT‑PCR 分析

（1）根据 pre‑miR‑21 启动子序列设计引物，序列如下：引物 1：5′‑TCCCCTCTGGGAAGTTTC‑3′；引物 2：5′‑TTGGCTCTACCCTTGTTT‑3′。

（2）qPCR 反应体系：

DNA	2 μL
1×10^{-5} mol/L 引物 1	1 μL
1×10^{-5} mol/L 引物 2	1 μL
SYBR‑Green 混合物（2×）	10 μL
双蒸水	6 μL
总体积	20 μL

每个 PCR 反应设置 2～3 个重复。

（3）启动 PCR 反应程序，共 40 个循环。

（4）数据处理：使用百分比输入法和下面显示的公式手动计算 IP 效率：输入百分比 $= 2\% \times 2^{(Ct2\%Input样本 - CtIP样本)}$。

实验结果

　　p65 通过结合 miR‑21 的启动子调控 miR‑21 的表达。用 p65 的 siRNA 下调乳腺癌细胞 MB‑MDA‑231 中 p65 的表达水平后,经 ChIP 实验,用抗 p65 的抗体免疫沉淀 miR‑21 的启动子,qRT‑PCR 验证下调了 p65 后结合于 miR‑21 的启动子减少(图4‑5)。

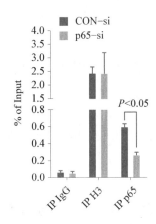

图4‑5　在乳腺癌细胞 MB‑MDA‑231 中下调 p65 表达后与 miR‑21 启动子结合减少

注意事项

　　(1) ChIP 技术是一种广泛的研究染色质与蛋白相互作用的方法,常与 DNA 芯片和分子克隆技术相结合。

　　(2) 染色质片段化过程是 ChIP 实验中最重要的步骤之一,其中的关键在于交联的蛋白质与 DNA 相互作用可以在染色质片段化期间得以保存。否则,在免疫沉淀期间,针对目的蛋白质的抗体将无法结合染色质片段,也不能在免疫沉淀期间沉淀染色质片段。

　　(3) 不同类型靶蛋白与 DNA 结合能力存在差异,需采用不同的染色质片段化方法。如:组蛋白和组蛋白修饰相对高表达且非常稳定地直接结合于 DNA,因此能够耐受苛刻的剪切条件,很容易通过 ChIP 检测到;而转录因子与 DNA 的结合则不太稳定,且为低丰度表达,因此,对苛刻的碎裂方法更加敏感;对于转录辅因子,因为它们通常不直接结合 DNA,使得交联效率非常低,因此对苛刻的染色质片段化条件最敏感,是 ChIP 最具挑战性的蛋白质类。

第五章 蛋白质分析技术实验

蛋白质是生命活动的主要执行者,是细胞的主要组成成分,是过去生命科学研究的主要对象之一,也是未来必须揭开的生命奥秘,蛋白质分析技术是迫切需要发展的领域。蛋白质研究方法正经历着不断更新,新技术也不断地涌现,学习和掌握蛋白质研究的相关技术理论和方法,对于了解生命科学研究的前沿至关重要,对于学会研究课题的设计、实施和先进研究方法的应用也十分必要。

实验一

细胞总蛋白的制备及用 Lowry 法测定其浓度

从哺乳动物组织或培养细胞中提取蛋白质,往往是蛋白质研究的首要步骤。提取制备过程应简便,能保持蛋白质的天然活性,并且纯度较高。所提取的蛋白质可用于转录因子活性分析、凝胶阻滞实验(electro mobility shift assay,EMSA)、免疫共沉淀、酶活性测定,以及 Western Blot 实验等。

实验目的

(1)掌握用 RIPA 试剂提取蛋白质的原理和方法。
(2)掌握 Lowry 法测定蛋白质浓度的原理和方法。

实验原理

各种哺乳动物的细胞在物理性质和生物学性质方面存在很大差异,目前还很难找到一种简单的裂解方法使所有蛋白质均呈溶解状态并保留其免疫反应性,而且又不被降解。现在常用的方法是通过机械破碎或去污剂(如 SDS、NP‐40)裂解,使细胞内的蛋白质溶解出来,再通过剪切除去 DNA,得到的溶液中即含有细胞总蛋白。

Lowry 法即 Folin-酚试剂法,它是在双缩脲反应的基础上发展起来的。Folin-酚试剂由试剂 A 和试剂 B 两部分组成,试剂 A 是碱性铜试剂,相当于双缩脲试剂;试剂 B 含有磷钨酸和磷钼酸。在碱性条件下,蛋白质与碱性铜试剂产生双缩脲反应,形成紫色的蛋白质与铜的复合物,然后此复合物中的酪氨酸和色氨酸残基还原试剂 B 中的磷钼酸-磷钨酸,产生深蓝色的混合物,其呈色强度与蛋白质浓度成正相关,可用比色法测定蛋白质的浓度。Folin-酚试剂与蛋白质作用包含 2 种显色反应,因而灵敏度高。本法可测定蛋白质范围是 $25\sim250\,\mu g/mL$。

实验器材和试剂

1. 器材

HL-60 细胞、15 mL/1.5 mL 离心管、滴管、移液管、离心机、沸水浴锅、加样枪、超声清洗器、可见光分光光度计。

2. 试剂

(1) PBS。

(2) 4% SDS。

(3) Lowry 法测定蛋白浓度试剂盒(内含标准蛋白质溶液,Folin-Ciocaltew's Phenol 反应液,Lowry 反应液等)。

实验步骤

1. 细胞总蛋白的制备

(1) 取 1 瓶 HL-60 细胞(约 10 mL),用滴管吹打使细胞散开成单细胞,转入 15 mL 离心管,4℃ 3 000 rpm 离心 5 min。弃上清液。细胞沉淀用 10 mL PBS 重悬洗涤。离心,弃上清液,获得细胞。

(2) 用 1 mL PBS 重悬细胞,转入 1.5 mL 离心管,4℃ 3 000 rpm 离心 5 min,弃去洗涤液并吸净残余的 PBS。

(3) 向细胞沉淀中加入 $50\,\mu L$ 4% SDS 重悬,使细胞破裂。搅匀,不应有肉眼可见的团块。沸水浴 10 min。

(4) DNA 剪切:冰浴超声约 10 min,直至溶液不再黏稠。

(5) 室温 10 000 rpm 离心 10 min,弃去沉淀物。上清液移至干净的离心管,即为所抽提的细胞总蛋白。

2. Lowry 法测定蛋白质的浓度

（1）加入标准品：在 96 孔板上，按表 5－1 依次加入标准蛋白质溶液和双蒸水，混匀。

表 5－1　标准品配制及最终浓度

样品编号	标准蛋白质溶液(μL)	双蒸水(μL)	蛋白质浓度(μg/mL)
1	0	100	0
2	12.5	87.5	50
3	25.0	75.0	100
4	50.0	50.0	200
5	75.0	25.0	300
6	100	0	400

（2）加入待测蛋白质样品：取 2 μL 所制得的总蛋白加入孔板中，加双蒸水 98 μL，计算稀释倍数。

（3）各孔中均加入 100 μL Lowry 反应液，混匀，置于室温 20 min。

（4）各孔中均加入 50 μL Folin-Ciocaltew's Phenol 反应液，边加边迅速混匀。显色 30 min。

（5）在酶标仪上读取各孔在 605 nm 处的吸光度。该步骤应在 30 min 内进行。

（6）以标准蛋白质的不同浓度为横坐标，每一浓度所对应的吸光值为纵坐标，做标准曲线。

（7）从曲线上找出样品蛋白质所对应的吸光值和浓度。该浓度值乘以样品的稀释倍数即得样品的原始浓度。

⚠ 注意事项

（1）Tris、EDTA、蔗糖等物质对 Lowry 法测定蛋白质浓度有影响，故本实验仅用 SDS 直接裂解细胞使蛋白质分离出来。

（2）DTT 是一种抗氧化剂，可作为酶或其他带巯基蛋白质的稳定剂。DTT 或含有 DTT 的溶液不能进行高压处理，可通过过滤除菌。

实验二

BCA 法测定蛋白质浓度

在蛋白质定量实验中,二喹啉甲酸(bicinchoninic acid,BCA)法(又称 Smith 法)是常用的方法之一,由保罗·史密斯(Paul K. Smith)于 1985 年在皮尔斯化学公司发明。这项技术的原理与 Lowry 蛋白分析非常相似,实验操作简单方便,耗时短,试剂稳定性好,经济实用,抗干扰能力强。

实验目的

本实验以 BCA 蛋白浓度测定试剂盒为例,通过检测 HL-60 细胞总蛋白的浓度,掌握 BCA 法测定蛋白质浓度的原理和方法。

实验原理

BCA 是弱酸性的,由 2 个羧基喹啉环组成。BCA 法分析蛋白质浓度主要依靠 2 个反应:首先,蛋白质中的肽键可将硫酸铜中的 Cu^{2+} 还原成 Cu^+(反应依赖于温度),其中减少的 Cu^{2+} 的量与溶液中存在的蛋白质的量成比例;接下来,每个 Cu^+ 都与 2 个分子的 BCA 螯合物形成紫色复合物,在 562 nm 处有强烈吸收。通过测量吸收光谱并将其与已知浓度的蛋白质溶液进行比较,可以量化溶液中存在的蛋白质浓度。

实验器材和试剂

1. 器材

1.5 mL 离心管、96 孔板、电热恒温水浴、加样枪、酶标仪。

2. 试剂

(1) 待测蛋白样品溶液。

(2) BCA 蛋白浓度测定试剂盒,内含:BCA 试剂 A、BCA 试剂 B、蛋白标准(BSA)和蛋白标准配制液。

(3) PBS。

实验步骤

1. 蛋白标准品的准备

(1) 取一管蛋白标准(20 mg BSA),加入 0.8 mL 蛋白标准配制液,充分溶解,配制成 25 mg/mL 的蛋白标准贮存液。可立即使用,也可以−20℃长期保存。

(2) 配制 0.5 mg/mL 蛋白标准品:在 1.5 mL 离心管中加入 980 μL PBS,加入 20 μL 25 mg/mL 蛋白标准贮存液,混匀。可立即使用,也可以−20℃长期保存。

2. BCA 工作液的配制

根据样品数量,将 BCA 试剂 A 和 BCA 试剂 B 按体积 50 : 1 的比例配制适量的 BCA 工作液,充分混匀。例如 5 mL BCA 试剂 A 加 100 μL BCA 试剂 B,混匀,配制成 5.1 mL BCA 工作液。BCA 工作液室温 24 h 内稳定。

3. 蛋白浓度检测

(1) 在 96 孔板上选取 8 个孔,按表 5−2 依次加入标准蛋白质溶液和 PBS,混匀。

表 5−2　标准品配制及最终浓度

标准品编号	标准蛋白质溶液(μL)	PBS(μL)	蛋白质浓度(μg/mL)
1	0	20	0
2	1	19	25
3	2	18	50
4	4	16	100
5	8	12	200
6	12	8	300
7	16	4	400
8	20	0	500

(2) 在样品孔中加入 PBS 18 μL,再加入 2 μL 蛋白质样品,混匀,计算稀释倍数。

(3) 各孔中均加入 200 μL BCA 工作液,混匀,于 37℃放置 20~30 min。

注意:也可以室温放置 2 h,或 60℃放置 30 min。

(4) 在酶标仪上读取各孔在 562 nm 处的吸光度。该步骤应在 30 min 内进行。

(5) 以标准蛋白质的不同浓度为横坐标,每一浓度所对应的吸光值为纵坐标,做标准曲线。

(6) 从曲线上找出样品蛋白质所对应的吸光值和浓度。该浓度值乘以样品的稀释倍数即得样品蛋白的原始浓度。

⚠️ **注意事项**

(1) 样品中如含有低浓度的去污剂如 SDS、Triton X−100、Tween 等不会影响检测结果,但一些螯合剂(EDTA、EGTA)、还原剂(DTT、β−巯基乙醇)和脂类等可能会造成一定的干扰。实验中若发现样品稀释液或裂解液本身背景值较高,可尝试更换蛋白质浓度测定方法。

(2)蛋白质样品可以用生理盐水或 PBS 稀释标准品。稀释后的蛋白质标准可以一20℃长期保存。

(3) BCA 法测定蛋白质浓度时,随着时间的延长,溶液颜色会不断加深,且显色反应会因温度升高而加快。因此加入 BCA 工作液后可在 37℃放置 20～30 min,也可以室温放置 2 h,或 60℃放置 30 min。如果样品的浓度较低,可在较高温度孵育,或适当延长孵育时间。

实验三

SDS-聚丙烯酰胺凝胶电泳分离蛋白质

聚丙烯酰胺凝胶电泳(polyacrylamide gel electrophoresis,PAGE)是以聚丙烯酰胺凝胶作为支持介质的一种常用电泳技术。聚丙烯酰胺凝胶由单体丙烯酰胺和甲叉双丙烯酰胺聚合而成,聚合过程由自由基催化完成。

实验目的

掌握十二烷基硫酸钠(SDS)-PAGE 的原理和方法,应用于蛋白质的分析和鉴定。

实验原理

聚丙烯酰胺凝胶是用丙烯酰胺和交联剂亚甲基双丙烯酰胺在催化剂的作用下聚合而成。化学聚合的催化剂通常采用过硫酸铵或过硫酸钾,此外还需要一种脂肪族叔胺作为加速剂。最有效的加速剂为 N,N,N′,N′-四甲基乙二胺(TEMED),在叔胺的催化下,由过硫酸铵形成氧的自由基,后者又使单体形成自由基,从而引发聚合作用。通过改变丙烯酰胺的浓度和交联度,可以使所形成的凝胶孔径在较广泛的范围内变动,满足分离各种大小的蛋白质分子的需要。

PAGE 分离蛋白质的方法有多种。本实验使用本章实验一"细胞总蛋白的制备及用 Lowry 法测定其浓度"所制备的 HL-60 细胞总蛋白来介绍 SDS-PAGE。其原理是:SDS 能使蛋白质的氢键、疏水键打开,并结合到蛋白质分子上,形成蛋白质-SDS 复合物,在一定条件下,SDS 与大多数蛋白质的结合比为 1.4 g SDS/g 蛋白质。由于 SDS 的硫酸根带负电,使各种蛋白质的 SDS 复合物都带上相同密度的负电荷,它的量大大超过了蛋白质分子原有的电荷量,因而掩盖了不同种类蛋白质间原有的电荷差别。SDS 与蛋白质结合后,还引起了蛋白质构象的改变。蛋白质-SDS复合物的流体力学和光学性质表明,它们在水溶液中的形状近似于雪茄烟形的长椭圆棒,不同蛋白质的SDS复合物的短轴长度都一样,约为1.8 nm,而长轴长度则与蛋白质的分子量成正比。因此,蛋白质-SDS复合物在凝胶电泳中的迁移率不再受蛋白质原有电荷和形状的影响,而只受椭圆棒的长度(即蛋白质分子量)的影响。

　　不同的凝胶浓度适用于分离不同分子量范围的蛋白质,可根据所测目标蛋白的分子量范围选择最适凝胶浓度,并尽量选择分子量范围和性质与待测样品相近的蛋白质作为标准蛋白质。

实验器材和试剂

1. 器材

垂直电泳槽及制胶装置、起胶板、电泳仪、金属浴、移液器及吸头、刻度移液管、滴管、小烧杯、旋转振荡器、平皿、脱色摇床。

2. 试剂

(1) 30%丙烯酰胺溶液(Acr：Bis为29：1)。

(2) 4×分离胶缓冲液(1.5 mol/L Tris, pH 8.8)。

(3) 4×浓缩胶缓冲液(0.5 mol/L Tris, pH 6.8)。

(4) 10%SDS。

(5) 10%过硫酸铵:溶于去离子水,新鲜配制。

(6) 6×蛋白加样缓冲液。

(7) 水饱和正丁醇:正丁醇：去离子水为10：1。

(8) 10×TGS电泳缓冲液:0.25 mol/L Tris, 1.92 mol/L甘氨酸,1%SDS。

(9) 考马斯亮蓝染色液:0.025%考马斯亮蓝,40%甲醇,7%醋酸。

(10) 脱色液:40%甲醇,7%醋酸。

(11) TEMED。

(12) 预染蛋白质标志物。

实验步骤

1. 安装配胶装置

(1) 准备2块玻璃板,一块为带隔条的长玻璃板,一块为短的玻璃板:将带隔条的玻璃板的隔条一面和短玻璃板合在一起,组成凝胶室。

(2) 插入绿色的夹胶框内,夹紧两侧夹片后固定在制胶架上。

(3) 于梳子齿下缘1 cm处在玻璃板上做标记。

2. 配制分离胶

(1) 配制 2 块 1 mm 厚的 10% 的分离胶溶液：

30% 丙烯酰胺	5 mL
4× 分离胶缓冲液	3.75 mL
10% SDS	0.15 mL
10% 过硫酸铵	75 μL
TEMED	5 μL
去离子水	6.05 mL
总体积	15.03 mL

(2) 将配制好的分离胶溶液立即混匀,缓慢加入凝胶室,直至液面达到距梳子下缘约 1 cm 处。

(3) 将 0.5 mL 左右水饱和正丁醇分别加入分离胶液面上,以便产生平整的分离胶界面,并可防止氧气扩散进入凝胶而抑制聚合反应。

(4) 大约 30 min 后,凝胶与正丁醇的界面出现一条折光线,则表示凝胶已完全聚合。

(5) 弃去分离胶表面的液体,用去离子水冲洗分离胶的上胶面 2 次,弃去残液。

3. 配制浓缩胶

(1) 配制 4% 的浓缩胶溶液(可用于制备 2 块凝胶):

30% 丙烯酰胺	1.32 mL
4× 浓缩胶缓冲液	2.5 mL
10% SDS	0.1 mL
10% 过硫酸铵	50 μL
TEMED	5 μL
去离子水	6.0 mL
总体积	9.975 mL

(2) 立即混匀,在分离胶的胶面上加满浓缩胶溶液。

(3) 小心地插入梳子,注意避免梳齿下端或梳齿之间存留气泡。

(4) 大约 30 min 后,可见沿着梳子边缘出现折光线,表明浓缩胶已聚合。

4. 安装电泳槽

(1) 从制胶架上取下夹胶框,松开夹胶框两侧的夹板,取出凝胶板。

(2) 打开电极芯左右两侧的夹板,将凝胶板分别安装到电泳槽的电极芯的前后两侧,一块电极芯可以同时安装 2 块凝胶板。如果只电泳 1 块凝胶,则要在对面同时安装上有机玻璃挡板。

（3）向2块玻璃板之间形成的上槽加满1×TGS电泳缓冲液；同时在下槽也同样加入1×TGS电泳缓冲液，液面到达电泳槽所标示的刻度。

（4）小心地拔出梳子。

5. 样品处理及加样

（1）取所提取的细胞总蛋白质样品25μL于1.5mL离心管中，加入6×加样缓冲液5μL，混匀后，在100℃金属浴中加热5min，取20μL加入加样孔内。

（2）取5μL预染蛋白质标志物直接上样。

6. 电泳

盖好电泳槽盖，接通电源。用120V的电压电泳至溴酚蓝进入分离胶，改用200V电压继续电泳，直到溴酚蓝到达玻璃板的下缘停止电泳，关闭电源。

7. 染色

小心地拆掉电泳装置取下凝胶板，用起胶板将凝胶板的玻璃撬开，切除浓缩胶，小心地将分离胶移入平皿中，加入考马斯亮蓝染液，在脱色摇床上平缓摇动染色2h。

8. 脱色

将染液倒回贮存瓶，换脱色液，室温慢摇约30min，待脱色液呈现出较深的蓝色，换一次脱色液，继续在室温慢摇脱色。直到蛋白条带呈清晰的蓝色而背景无色，观察拍照。

实验结果

所抽提的HL-60细胞总蛋白经SDS-PAGE分离后，考马斯亮蓝染色结果见图5-1。预染蛋白marker的条带分子量大小依次为：180kDa、135kDa、100kDa、75kDa（红）、63kDa、48kDa、35kDa、25kDa。

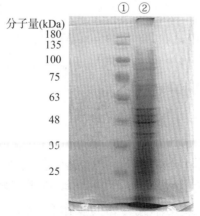

图5-1 HL-60细胞总蛋白的考马斯亮蓝染色
①为预染蛋白marker条带；②为HL-60细胞总蛋白条带。

⚠ **注意事项**

(1) Acr 具有很强的神经毒性并可通过皮肤吸收,其作用具有累积性,操作时应戴手套。

(2) SDS 的微细晶粒易于扩散,称量时要戴口罩和面罩在通风橱里操作。称量完毕后要清除残留在称量工作区和电子天平上的 SDS 粉末。配好的 SDS 溶液无需灭菌。

(3) SDS-聚丙烯酰胺的有效分离范围见表 5-3。

表 5-3 SDS-聚丙烯酰胺的有效分离范围

丙烯酰胺*浓度(%)	线性分离范围(kDa)
15	12~43
10	16~68
7.5	36~94
5.0	57~212

* 丙烯酰胺:甲叉双丙烯酰胺=29:1

(4) 不是所有的蛋白质都能用 SDS-PAGE 测定其分子量,已发现有些蛋白质用这种方法测出的分子量是不可靠的,比如电荷异常或构象异常的蛋白质、带有较大辅基的蛋白质(如某些糖蛋白),以及一些结构蛋白(如胶原蛋白)等。

实验四

蛋白质印迹法

蛋白质印迹法(免疫印迹试验)即 Western Blot 是分子生物学、生物化学和免疫遗传学中常用的一种蛋白质检测方法,广泛应用于基因在蛋白水平的表达研究、抗体活性检测和疾病早期诊断等多个方面。

📋 **实验目的**

本实验以 HL-60 细胞总蛋白为材料,进行 SDS-PAGE 后,用半干式转移法将蛋白质转移到聚偏二氟乙烯(polyvinylidene difluoride, PVDF)膜上,分析 PVDF 膜上的 β-actin 蛋白。通过本实验,掌握半干式转移的操作和 Western Blot 的基本原理和操作技术。

🕮 实验原理

Western Blot 是将蛋白质转移并固定在化学合成膜的支撑物上,然后以特定的亲和反应、免疫反应或结合反应以及显色系统分析特定蛋白质。经过 SDS - PAGE 分离的蛋白质样品,转移到固相载体(例如 PVDF 膜)上,固相载体以非共价键形式吸附蛋白质,且能保持电泳分离的多肽类型及其生物学活性不变。以固相载体上的蛋白质或多肽作为抗原,与未标记的对应抗体(第一抗体)发生免疫反应结合后,再与标记的第二抗体起反应,经过酶-底物显色、放射自显影或化学发光等方法对蛋白质进行定性或半定量分析。

Western Blot 一般包括 5 个步骤:①转膜,蛋白质经 SDS - PAGE 分离后转移到 PVDF 膜上。②封闭,使 PVDF 膜上的蛋白结合位点处于饱和状态,以减少抗体的非特异性结合。③第一抗体与抗原蛋白的特异性结合。④带有标记的第二抗体与第一抗体的特异性结合。⑤根据第二抗体所带的标记采用适当方法显示特异性蛋白质区带,产生可见的、不溶解状态的颜色反应,或者 X 线片上的显影或用发光检测仪捕获发光信号。

本实验采用本章实验一"细胞总蛋白的制备及用 Lowry 法测定其浓度"中所提取的 HL-60 细胞总蛋白作为材料,经 SDS - PAGE 分离并印迹到 PVDF 膜上,用兔抗人 β - actin 单克隆抗体作为第一抗体与 β - actin 蛋白发生反应,然后用辣根过氧化物酶(HRP)标记的羊抗兔 IgG 作为第二抗体与第一抗体结合,经化学发光底物液孵育后,用化学发光图像分析系统检测 β - actin 蛋白。

🔬 实验器材和试剂

1. 器材

垂直电泳槽、电泳仪、移液器及吸头、剪刀、直尺、厚滤纸、起胶板、平皿、PAGE 凝胶、PVDF 膜、一次性手套、半干式转移仪、抗体孵育盒、脱色摇床、上下摇床、全自动化学发光成像仪。

2. 试剂

(1) 1×TGS 电泳缓冲液。

(2) 转移缓冲液。

(3) PBST:含 0.05% Tween - 20 的 PBS(每 1000 mL PBS 中加入 0.5 mL Tween - 20)。

(4) 封闭液:5%(体积/体积,v/v)脱脂奶粉溶于 PBST。

(5) 6×蛋白加样缓冲液。

（6）兔抗人 β-actin 单克隆抗体。

（7）预染蛋白质标志物。

（8）HRP 标记的羊抗兔 IgG 抗体。

（9）化学发光底物液（内含 A 液和 B 液，临用前等体积混合）。

实验步骤

1. SDS-PAGE

（1）取所提取的细胞总蛋白样品 25 μL 于 1.5 mL 离心管，加入 6×蛋白加样缓冲液 5 μL，混匀后，在 100℃金属浴中加热 5 min，短暂离心后吹打均匀，取 20 μL 加入凝胶的加样孔内。

（2）取 5 μL 预染蛋白质标志物直接上样。

（3）电泳：盖好电泳槽盖，接通电源。用 120 V 电压电泳至溴酚蓝进入分离胶，改用 200 V 电压继续电泳，直到溴酚蓝到达玻璃板的下缘停止电泳，关闭电源。

2. 将 PAGE 凝胶中的蛋白质经半干转移至 PVDF 膜上

（1）小心地拆掉电泳装置，用起胶板将玻璃板撬开，去除浓缩胶，在转移缓冲液中平衡 3 min。

（2）将 PVDF 膜切至与凝胶同样大小或稍微小于凝胶，用甲醇预湿，然后在转移缓冲液中浸泡 3 min。

（3）取 2 张厚滤纸，用转移缓冲液浸泡饱和。

（4）将 1 张饱含转移缓冲液的厚滤纸铺在转移槽的阳极上，放置湿的 PVDF 膜，赶走气泡。

（5）将平衡好的凝胶小心地放在 PVDF 膜上，四周对齐（最好一次放到位）。

（6）再将 1 张饱含转移缓冲液的厚滤纸铺于其上，赶走气泡。

（7）盖上转移槽的盖子，放入半干式转移仪中，1.3 A/25 V 快速转膜 7 min。

3. 封闭

在转移完后取下 PVDF 膜，可见预染 marker 的条带已从凝胶中转移到 PVDF 膜上，将膜放入盛有封闭液的平皿中在室温平缓摇动 1 h 或 4℃过夜。

4. 与第一抗体结合

（1）用封闭液将兔抗人 β-actin 单克隆抗体按 1∶1000 稀释，加入抗体孵育盒，放入 PVDF 膜，置上下摇床在室温摇动 1 h。

（2）弃去第一抗体稀释液，用 PBST 洗膜 3 次，每次在室温平缓摇动 10 min。

5. 与第二抗体结合

（1）HRP 标记的羊抗兔 IgG 抗体用封闭液以 1∶2000 稀释，加入抗体孵育盒，放入

PVDF 膜,置上下摇床在室温摇动 1 h。

（2）弃去第二抗体稀释液,用 PBST 洗膜 3 次,每次在室温平缓摇动 10 min。

6. 化学发光法检测 β-actin 蛋白

（1）沥去 PVDF 膜上的 PBST 液体,将 PVDF 膜平铺在化学发光成像仪的样品检测板上,正面朝上。

（2）配制发光工作液（由 A 液和 B 液等体积混合）,滴加在膜上。

（3）将样品检测板推入仪器中,关闭样品检测室的门。

（4）打开灯光,拍摄可见光图片,显示标志物条带。

（5）关闭灯光,在软件中选择系列曝光模式拍摄自发光,自动检测曝光时间,连续拍摄 5 张图像。等待图像生成后保存。

（6）选择曝光强度合适的图像,与可见光图像叠加,合成为一张图像。

💡 **实验结果**

β-actin 的 Western Blot 结果见图 5-2。β-actin 的分子量约为 42 kDa。

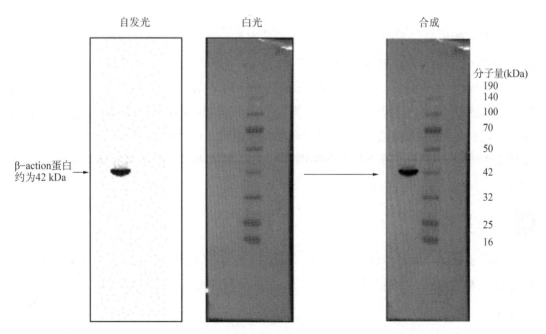

图 5-2 HL-60 细胞中 β-actin 的 Western Blot 检测结果

⚠️ **注意事项**

（1）拿取凝胶、厚滤纸和 PVDF 膜时必须戴手套,因为皮肤上的油脂和分泌物会阻止蛋白质从凝胶向膜转移。

（2）封闭液的作用是封闭膜上未吸附蛋白的部位，以减少非特异性结合背景的影响。

（3）PBST是一种磷酸钾、钠盐溶液，既可稳定蛋白质固定于PVDF膜上，同时又可洗去多余的封闭液及其杂质。Tween-20是一种非离子型的蛋白去污剂，可以除去抗体的非特异性结合，使背景更加清晰。

（4）Western Blot可检测出1~5 ng中等大小的蛋白质。

（5）本实验采用的半干转移法，所需缓冲液较少，快速高效，适合教学使用。另外，常用的转移法为湿转法，其原理与半干转移法相同。湿转法需要大量缓冲液，转移时间较长，对于大分子量蛋白质的转移效果较好，因此，当待检测蛋白质分子量＞150 kDa时，建议用湿转法。

实验五

免疫共沉淀技术

在细胞的生命周期中，蛋白质通常不单独发挥作用，而是"团队作战"。蛋白质与蛋白质的相互作用在活细胞的许多生物学过程中至关重要，而免疫共沉淀（co-immunoprecipitation，Co-IP）利用靶蛋白特异性抗体结合protein A/G亲和微珠的方法，通过直接或间接的相互作用或蛋白质复合物来识别蛋白质，因此被认为是鉴定或确认体内蛋白质-蛋白质存在相互作用的标准方法之一。Co-IP实验通常分2种：一种为验证体内天然存在蛋白质相互作用的内源性Co-IP，另外一种为通过质粒共转染的方式验证2种蛋白质相互作用的外源性Co-IP。

实验目的

本实验分别介绍外源性Co-IP和内源性Co-IP的原理和方法。通过本实验掌握内源性和外源性Co-IP的实验操作技术，并学会利用此技术分析蛋白质之间是否存在相互作用。

实验原理

细胞内由于蛋白质的相互作用存在着许多蛋白质复合物，所以在非变性的条件下，用蛋白质X的抗体免疫沉淀X的同时，许多与X结合的蛋白质Y、Z等也随之沉降，此时就可以通过各种方法来确定共沉淀蛋白质Y等的存在，从而验证蛋白质X与蛋白质Y等之间的相互作用。这种在体外探测蛋白质分子间是否存在特异性相互作用的方法即为 Co‐IP。

Scr 同源结构域 2 磷酸酶‐1（Src homology region 2 domain-containing phosphatase-1，SHP‐1，也称为 PTPN6）是一种酪氨酸磷酸酶，为调节细胞生长、分化、有丝分裂周期和致癌转化等多种细胞过程的信号分子。肿瘤坏死因子受体相关因子 6（TNF receptor associated factor 6，TRAF6）是一种泛素连接酶，当它被激活时，会在自身和其他蛋白质上产生短肽，因此 TRAF6 为细胞内信号通路的一个开关。已有研究报道 SHP‐1 和 TRAF6 之间存在相互作用，并且由此影响下游的信号通路。

本实验中外源性 Co‐IP 实验是将质粒 Flag‐TRAF6 与 HA‐SHP‐1 共转染到 HEK 293T 细胞中表达后，裂解细胞，利用单克隆鼠 Flag 抗体 M2 亲和微珠 [monoclonal mouse anti-Flag M2 affinity gel(beads)]免疫沉淀 Flag‐TRAF6，检测沉淀中是否有 HA‐SHP‐1，来确定两者之间是否有相互作用。内源性 Co‐IP 实验通过提取小鼠腹腔巨噬细胞蛋白质，通过小鼠抗 TRAF6 抗体和 protein A/G PLUS-agarose 验证是否存在 TRAF6 与 SHP‐1 的相互作用。

实验器材和试剂

1. 器材

CO_2 培养箱、超净台、1.5 mL/15 mL 离心管、5 mL 移液管、移液器及吸头、旋涡振荡器、制冰机、低温高速离心机、旋转混匀仪、电泳槽及电泳仪、凝胶成像系统等。

2. 材料与试剂

（1）C57Bl/6J 小鼠。

（2）pcDNA3.0 载体质粒。

（3）Flag‐TRAF6 质粒（构建在 pcDNA3.0 载体上）。

（4）HA‐SHP‐1 质粒（构建在 pcDNA3.0 载体上）。

（5）HEK 293T 细胞。

（6）DMEM 培养基、胎牛血清（FBS）、100× 双抗（青霉素和链霉素）溶液。

（7）细胞完全培养液：含 10% 的 FBS 和 1× 双抗的 DMEM 培养液。

（8）磷酸钙法细胞转染试剂盒，内含 $CaCl_2$ 溶液和 BBS 溶液。

（9）单克隆小鼠抗 Flag M2 亲和微珠。

（10）protein A/G PLUS-agarose。

（11）兔抗 SHP‐1、兔抗 TRAF6、小鼠抗 TRAF6、兔抗 Flag、兔抗 HA。

（12）Western Blot 及 IP 细胞裂解液（含蛋白酶抑制剂混合物）。

（13）1 mmol/L NaF。

（14）1 mmol/L Na_3VO_4：磷酸酯酶抑制剂。

(15) 0.1 mol/L PMSF。

(16) 1×PBS。

(17) 1×PBST。

(18) 一抗稀释液。

(19) 一抗：兔抗 Flag、兔抗 HA 分别按 1∶10 000 的比例稀释在一抗稀释液中，4℃ 保存。

(20) 二抗：HRP 标记的抗兔 IgG 按 1∶10 000 的比例稀释在 1×TBST 中，4℃保存。

(一) 外源性 Co-IP

实验步骤

1. 细胞转染

实验分 3 组进行，各组具体转染质粒如表 5-4。

表 5-4 各组待转染质粒

待转染质粒 \ 组别编号	1	2	3
Flag-TRAF6-pcDNA3.0	+	−	+
HA-SHP-1-pcDNA3.0	−	+	+
pcDNA3.0	+	+	−

(1) 将 5 mL HEK 293T 细胞(1×10⁵ 个)接种于 60 mm 培养皿内，在铺板后 1 d 内长到 60% 为宜，准备转染。

(2) 在转染前 30～60 min，吸去细胞培养液，加入新鲜的不含抗生素的培养液 5 mL。

(3) 各取 2 μg 待转染的质粒 DNA(质粒总体积不宜超过 20 μL)，加到 250 μL $CaCl_2$ 溶液中，混匀。

(4) 把 DNA-$CaCl_2$ 溶液加入 250 μL BBS 溶液中，混匀，室温孵育 10～20 min。此时不应产生肉眼可见的沉淀。

(5) 把 DNA-$CaCl_2$-BBS 混合物均匀滴加到步骤(2)的培养皿内。在含 5%CO_2 的 37℃细胞培养箱内培养。

(6) 在 4～16 h 后轻轻晃动培养皿数次以充分悬浮磷酸钙沉淀，吸去含磷酸钙沉淀的培养液，加入 5 mL 新鲜的完全培养液，继续培养 48 h。

2. 裂解细胞

(1) 临用前配制细胞裂解液：Western Blot 及 IP 细胞裂解液 2 mL、0.001 mol/L

NaF 2 μL、0.001 mol/L Na₃VO₄ 2 μL、0.1 mol/L PMSF 2 μL,混匀,置于冰上。

(2) 将所转染的各组细胞从细胞培养箱中取出置于冰上,吸弃培养液,分别用 1 mL 预冷的 PBS 轻柔地洗涤 3 次,吸尽上清液。

(3) 每个 60 mm 培养皿中加入 500 μL 配制好的细胞裂解液,冰浴裂解 30 min,4℃ 13 200 rpm 离心 15 min,每组中各取 400 μL 和 60 μL 上清液分别置于已预冷的 1.5 mL 离心管中。

(4) 在上述 60 μL 上清液中加入 20 μL 配制好的 4× 上样缓冲液,100℃金属浴中加热 10 min,记作"WCL",置于 −20℃ 保存备用。

3. 抗原-抗体复合物的形成

(1) 剪去吸头的尖头,吸取 100 μL 微珠置于 1.5 mL 离心管中,4℃ 5 000 rpm 离心 2 min,弃上清液,加入 200 μL 预冷的 PBS,涡旋混匀,4℃ 5 000 rpm 离心 2 min。如此再重复 2 次,最后弃上清液后加入 100 μL 预冷的 PBS,4℃保存。

(2) 取 20 μL 处理好的微珠加入上述每组 400 μL 的上清液中,在旋转混匀仪上 4℃ 旋转孵育过夜。

(3) 1× PBST 清洗微珠:取下样品管,4℃ 2 000 rpm 离心 5 min,用剪掉尖头的吸头 吸弃上清液,加入 1 mL 预冷的 PBST,旋转混匀仪上旋转 10 min,4℃ 1 000 rpm 离心 3 min,如此再重复 2 次,弃上清液,用剪掉尖头的吸头尽量吸干液体。

(4) 分别加入 60 μL 1× 上样缓冲液(用细胞裂解液稀释 4× 上样缓冲液),100℃金属浴中加热 10 min,置于 −20℃ 保存,记作"IP−Flag"。

4. Western Blot 分析样品

(1) 配制 PAGE 凝胶,将上述 6 个样品与 marker 一起上样电泳。

(2) 将所有样品在冰上融化,4℃ 5 000 rpm 离心 5 min;取上清液 20 μL 经过 SDS−PAGE 分离后转膜。

(3) 分别用 Flag 抗体和 HA 抗体进行 Western Blot 分析,观察蛋白质的表达和结合情况。

 实验结果

Western Blot 结束后,凝胶成像系统拍照,结果见图 5−3。SHP−1 的分子量是 68 kDa,TRAF6 的分子量为 60 kDa。SHP−1 带有 HA 标签,TRAF6 带有 Flag 标签。若 SHP−1 和 TRAF6 有结合,在沉淀 Flag(即沉淀 TRAF6)的同时,就会把 SHP−1 沉淀下来,在沉淀复合物(IP−Flag)中就能检测到 HA(即检测 SHP−1)。在 IP 沉淀物中检测 Flag,是为了确保不同组中沉淀下来的蛋白量是一致的。检测裂解液中的蛋白质(WCL),是为了确保不同组中的细胞表达的蛋白量是一致的。

0

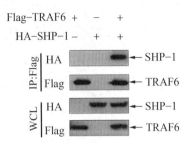

图 5-3　外源性 Co-IP 经 Western Blot 分析蛋白

IP：免疫沉淀组；WCL：细胞裂解液。

（二）内源性 Co-IP

实验步骤

1. 细胞准备

取 C57B1/6J 小鼠的腹腔原代巨噬细胞（约 5×10^6 个），平铺于 100 mm 的细胞培养皿中，贴壁培养 4 h。

2. 细胞蛋白质的提取

（1）将培养的小鼠巨噬细胞取出，吸掉培养基，用 1 mL 预冷的 PBS 轻柔地洗涤 3 次，吸干液体。

（2）向培养皿中加入 800 μL 冰预冷的细胞裂解液，在冰浴中裂解 30 min。将液体吸至 1.5 mL 离心管中，4℃ 13 200 rpm 离心 15 min，取 700 μL 和 60 μL 上清液分别置于已预冷的 2 支 1.5 mL 离心管中，分别编号为"IP"和"WCL"。

（3）在"WCL"管中加入 20 μL 4× 上样缓冲液，100℃金属浴中加热 10 min，置于 −20℃保存。

3. 抗原-抗体复合物的形成

（1）用剪掉尖头的吸头吸取 100 μL protein A/G PLUS-agarose（吸取前涡旋震荡混匀）置于 1.5 mL 离心管中，4℃ 5 000 rpm 离心 2 min，弃上清液。加入 200 μL 预冷的 PBS，涡旋混匀，4℃ 5 000 rpm 离心 2 min，弃上清液。如此再重复 2 次，最后弃上清液后加入 100 μL 预冷的 PBS，4℃保存，待用。

（2）在"IP"管中加入 50 μL 处理好的 protein A/G PLUS-agarose 和 14 μL 小鼠抗 TRAF6 抗体，放置在旋转混匀仪上，4℃旋转孵育过夜。

（3）过夜孵育后，用 1× PBST 清洗 protein A/G PLUS-agarose：将"IP"管在 4℃ 2 000 rpm 离心 5 min，用剪掉尖头的吸头吸弃上清液，加入 1 000 μL 预冷的 PBST，旋转混匀仪上旋转 10 min，4℃ 1 000 rpm 离心 3 min。如此再重复 2 次，弃上清液，用剪掉尖头的吸头尽量吸干液体。

（4）向"IP"管中加入 60 μL 1× 上样缓冲液（用细胞裂解液稀释 4× 上样缓冲液），100℃ 金属浴中加热 10 min，置于 −20℃ 保存。

4. Western Blot 分析样品

（1）将"IP"管和"WCL"管置于冰上融化，4℃ 5 000 rpm 离心 5 min；各取 20 μL 上清液进行 SDS - PAGE 分离，共上 3 个样，分别为：标志物、IP 和 WCL。

（2）转膜后分别用兔抗 SHP - 1 和兔抗 TRAF6 进行 Western Blot 分析，观察此两者的相互作用情况。

💡 实验结果

Western Blot 结束后，凝胶成像系统拍照，结果见图 5 - 4。SHP - 1 的分子量是 68 kDa，TRAF6 的分子量是 60 kDa。如果 SHP - 1 和 TRAF6 有结合，在 IP 沉淀 TRAF6 时，就会同时把 SHP - 1 沉淀下来，在沉淀复合物中检测 SHP - 1 就能看到条带。在 IP 沉淀物中检测 TRAF6，是为了确保 TRAF6 被成功地沉淀下来。检测裂解液中的蛋白，是为了确定细胞是否表达了蛋白质 SHP - 1 和 TRAF6。

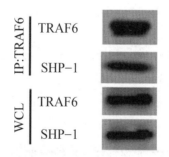

图 5 - 4　内源性 Co - IP 经 Western Blot 分析蛋白结果

IP：免疫沉淀组；WCL：细胞裂解液组。

⚠ 注意事项

（1）转染时最好使用新鲜配制且 pH 值经过精心调校的培养液，可以在配制后分装冻存，使用时再解冻。

（2）转染时，把 DNA - CaCl₂ 溶液加入 BBS 溶液中，不要把 BBS 溶液加到 DNA - CaCl₂ 溶液中。

（3）高纯度的质粒是获得高转染效率的必要条件，要确保质粒溶液的 A_{260}/A_{280} > 1.8，并且电泳检测抽提到的质粒 90% 以上都是超螺旋结构。

（4）BBS 溶液的 pH 值直接关系到转染效率，尽量避免把 BBS 溶液长时间暴露在空气中，以免被空气中的 CO_2 酸化。

（5）每次吸取含 Monoclonal mouse anti-Flag M2 affinity gel(beads) 或 protein A/G

PLUS-agarose 的溶液时,都要用剪掉尖头的吸头。

实验六

石蜡切片制备及 HE 染色

组织切片技术始于 17 世纪 60 年代,安东尼 • 列文虎克(Antonie van Leeuwenhoek,1632—1723)运用自制的简陋显微镜观察并描述了软木塞切片中的细胞形态。历经 300 多年的发展,组织切片已从最开始的徒手切片,发展到各种精细的组织切片机,并逐步建立起取材、固定、组织切片、染色和封固等一整套完整科学的技术。组织切片技术的发展和显微镜技术及其他生物科学新技术、新仪器的发展相互促进,共同推动生命科学的飞速发展,并使组织学由细胞水平进入分子水平。石蜡切片是常用的组织切片技术之一,也是进行免疫组织化学(immunohistochemistry,IHC)、原位杂交、原位 PCR 等工作的基础。

实验目的

通过本实验,掌握石蜡切片制备及苏木精-伊红(hematoxylin and eosin,HE)染色的操作步骤,并理解其操作原理。

实验原理

组织切片法是将组织经固定、脱水和透明等处理后,再利用石蜡等支持物渗透进组织内部,使组织保持一定的硬度并包埋成块后以切片机将组织块切成薄片,并可根据需要进行各种染色或进一步进行免疫组织化学及原位杂交反应。

1. 取材与固定

从特定的组织或器官中切取适量组织,尽量选择新鲜材料并避免坏死区,使用锋利的刀片或轻柔镊取以避免发生人为的挤压变形,有助于减轻非特异性着色。石蜡切片的组织块通常为 1 cm×1 cm×0.2 cm 大小,取材后迅速用生理盐水或 PBS 冲洗后固定。

最常用的固定方法是将组织块直接投入相应的固定液中,用量宜超过组织块体积的 20 倍以上。固定液尽量新鲜,最好现配现用。固定时间因标本不同而异,一般标本固定时间 2~12 h。如果固定时间较长,要定期更换固定液(1 周 1 次)。室温或 4℃ 保存,不可冷冻结冰。

固定液分单纯固定液和混合固定液,10% 甲醛是常用的单纯固定液,80%~95% 乙醇有固定兼脱水作用,但其渗透力较弱,固定速度较慢,易使组织变脆,影响制片,通常不作为常规固定液。混合固定液有 4% 多聚甲醛固定液、改良 Bouin 固定液等。

2. 脱水和透明

组织固定后含有大量的水分,不能与透明剂相溶,必须用化学试剂将组织块内的水分逐级逐步置换出来,以利于透明剂渗入组织内。脱水用梯度乙醇宜从低浓度到高浓度,时间长短适宜,各级梯度最长不超过 12 h。透明的目的是将脱水剂从组织块中完全排出以利于石蜡渗入,常用的透明剂是二甲苯。脱水和透明步骤均宜在较低温度下进行,有利于减少抗原损失。

3. 浸蜡包埋

包埋的目的是使组织块保持一定的形状和硬度,便于在切片机上切成薄片。石蜡包埋前需先浸蜡,再进行组织块包埋,包埋时将待观察的切面朝下放平,并等石蜡凝固后才可将包埋框打开。修整蜡块时,组织块应距蜡块边缘宽 2～3 mm,以利于连续切片。

4. 切片、展片和烤片

石蜡切片厚度 2～7 μm。在切片之前可进行冷冻(0～10℃),夏季高温时可延长冷冻时间。切片时,组织面完全暴露,切片完整,切片刀锋利。蜡片在温水中充分展开,去除皱褶,或以经黏附剂预处理过的载玻片捞取,附贴在载玻片中心。载有切片的玻片经 56℃ 1 h 后,37℃过夜以彻底烘片。备用切片 4℃保存,切片用铝箔包裹后可于 4℃长期保存,染色前取出经 37℃处理过夜。

5. 染色和封固

HE 染色的主要成分是苏木精和伊红。苏木精为碱性染料,可使细胞核内的染色质与细胞质内的核酸染成紫蓝色;伊红为酸性染料,主要使细胞质和细胞外基质中的成分着红色。

染色前需脱蜡,即先在二甲苯中溶解石蜡,再经浓度递减的梯度乙醇水化,依次为无水乙醇、95% 乙醇、85% 乙醇、70% 乙醇,最后经去离子水转入染缸中。HE 染色后需进一步经脱水、透明、中性树胶封片以利于观察、记录和长期保存。

本实验以小鼠肝组织的石蜡切片及 HE 染色为例展开。

 实验器材和试剂

1. 器材

切片机及刀片、自动组织脱水机、石蜡包埋机、组织烤片机或替代物、石蜡切片展片机或电热恒温水浴、生物组织染色机、解剖板、剪刀、镊子、刀片、乙醇棉、50 mL 离心管、滴管、微量移液器及吸头、载玻片、盖玻片、毛笔。

2．试剂

4％多聚甲醛固定液、二甲苯、中性树胶、石蜡、去离子水、生理盐水、PBS、无水乙醇及梯度乙醇、苏木精染液、0.5％伊红染液、1％盐酸乙醇。

实验步骤

1．取材和固定

颈椎脱臼法处死小鼠，打开腹腔，切取 1 cm×1 cm×0.2 cm 大小肝组织块，用生理盐水短暂冲洗后浸入 50 mL 固定液中过夜，取出后以 PBS 冲洗备用。

2．组织脱水

小心镊取组织块，加到盛有梯度乙醇的容器中，依次浸泡脱水（可在自动组织脱水机内进行）：50％乙醇（1 h）→70％乙醇（1 h）→80％乙醇（1 h）→95％乙醇（2 h）→95％乙醇（过夜）→无水乙醇（40 min）→无水乙醇（40 min）。

3．组织透明

小心镊取组织块，依次浸泡：无水乙醇/二甲苯（5 min）→二甲苯（5 min）→二甲苯（5 min）。

4．组织包埋

在恒温蜡箱或包埋机中放置 3 个蜡杯，将组织块依次浸入融化的石蜡中，每个杯子中分别停留 5 min、10 min、20 min，以使之具有一定的硬度和韧度，最后放入包埋蜡盒中，待冷却凝固后，即完成包埋过程。

5．组织切片

调节好切片机，固定蜡块，先修出组织块，再调整切片机上的切片厚度（5 μm），切出所需要的切片，切片可以是单张，也可以是连续切片形成蜡带。

6．展片、烤片

用展片机或恒温水浴箱，使水温保持在 45～50℃，用左手拿毛笔轻轻托起切片，右手用眼科镊子夹起切片的一角，正面向上轻轻平铺在载玻片上，必要时可用眼科镊子轻轻拨开。展好的切片经 56℃ 1 h，37℃过夜以彻底烘干。

7．脱蜡水化

将切片置于二甲苯溶液中，先后 2 次，每次浸泡 3～5 min；再浸入由高到低的梯度乙醇中进行水化，依次为：无水乙醇（2 min）→无水乙醇（2 min）→95％乙醇（2 min）→95％乙醇（2 min）→85％乙醇（1 min）→70％乙醇（1 min）→去离子水（2 min）。

8．HE 染色

将切片放入苏木精染液中染色 5 min，自来水洗去多余染液，1％盐酸乙醇 3～5 s，自来水洗后镜检，确保细胞核及核内染色质清晰，去离子水洗 2 min，0.5％伊红染色

1～2 min。然后再用浓度递增的梯度乙醇脱水：75％乙醇（1 min）→85％乙醇（1 min）→95％乙醇（2 min）→无水乙醇（2 min）→无水乙醇（2 min）→二甲苯（2 min）→二甲苯（2 min）。

9. 封片

取出切片，擦去多余二甲苯，取中性树胶适量，滴加在载玻片的组织上，取盖玻片并从一端缓慢盖下去，避免产生气泡。

实验结果

小鼠肝组织 HE 染色显微镜 400 倍放大结果见图 5-5（图示小鼠肝组织出现日本血吸虫感染所致虫卵肉芽肿）。图中细胞核被苏木精染成鲜明的蓝色，细胞质被伊红染成深浅不同的粉红色至桃红色，胞质内嗜酸性颗粒呈反光强的鲜红色，红细胞呈橘红色，蛋白性液体呈粉红色。

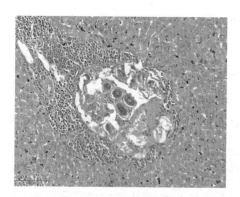

图 5-5 小鼠肝组织 HE 染色镜下所见（400×）

注意事项

（1）石蜡切片用二甲苯脱蜡前可在 60℃烤箱内处理 0.5～1 h，使切片黏附更牢固，不易脱片，也有利于脱蜡。

（2）二甲苯脱蜡效果好坏主要取决于在二甲苯内放置的时间和脱蜡时的温度，以及二甲苯使用次数。染色后的切片必须经过透明，既利于显微镜观察，也为封片做好准备。

（3）用梯度乙醇脱水时，在低浓度乙醇中的时间不宜过长，高浓度时可逐步延长脱水时间，如脱水不彻底会影响二甲苯透明效果。

（4）染色要根据室温、染液是否新鲜等灵活掌握。如室温高、切片、染色液又是新配制的，染色时间可略短，反之则略长。

实验七

酶免疫组织化学技术

实验目的

酶免疫组织化学是免疫组织化学技术的一个分支,通过本实验了解酶免疫组织化学技术的基本原理及操作过程,理解该技术在临床疾病诊断及机制研究中的应用。

实验原理

免疫组织化学(IHC)是组织化学技术和免疫学技术相结合的产物。IHC利用抗原-抗体高度特异性结合的特性,使标记于相应位置上的呈色物质,如酶、荧光素、金属离子、同位素等,可与标志物相对应的检测系统发生化学反应而显示一定的颜色,可借助显微镜、荧光显微镜或电子显微镜观察其颜色变化,从而对组织细胞特定抗原或抗体进行定位和定量检测,具有较高的敏感性和特异性。

酶免疫组织化学技术以酶作为标志物,标记在已知的抗原或抗体上,通过酶与外加的底物作用产生不溶性色素来检测组织或细胞内相应的抗原或抗体的一种技术。该技术的优点:①可直接用普通显微镜观察;②显色反应后还可做衬染,以更好地显示组织结构,定位更准确;③酶显色反应后的切片能较长时间保存;④有些酶如HRP的反应沉积物具有电子密度,可用于免疫电镜研究。

EnVision法是一种多聚体标记二步法,基本原理是以葡聚糖为脊与大量的酶分子和抗体分子(二抗)形成水溶性的聚合物而不影响酶及抗体分子的反应活性,再与已经结合的一抗反应,最后显色剂显色。该方法敏感性高,染色步骤少,又无内源性生物素干扰,在免疫组织化学中应用日益广泛。

通过本实验检测小鼠脑组织α-平滑肌肌动蛋白(α-smooth muscle actin,α-SMA)抗原,掌握酶免疫组织化学(EnVision法)的基本过程。

实验器材和试剂

1. 器材

石蜡切片、烤片机或其他替代物、洗缸(或洗片机)、微波炉、组化笔、盖玻片、显微镜、恒温箱。

2. 试剂

兔抗 α-SMA 多克隆抗体、HRP 标记羊/小鼠抗兔 IgG 即用型检测试剂、显色液、正常羊血清、苏木精染液、1% 盐酸乙醇、中性树胶、无水乙醇、双蒸水、二甲苯、0.3% 过氧化氢甲醇溶液、pH6.0 柠檬酸缓冲液、PBS、TBS。

实验步骤

1. 切片准备

小心地从冰箱中取出制备好的小鼠脑组织石蜡切片,放入 37℃ 恒温箱中过夜备用或在 60℃ 恒温箱中烘烤 20 min。

2. 脱蜡水化

依次将石蜡切片放入:二甲苯 I(10 min)→二甲苯 II(10 min)→二甲苯 III(10 min)→无水乙醇(5 min)→95% 乙醇(5 min)→75% 乙醇(5 min)→去离子水冲洗。

3. 去内源性过氧化物酶

将切片置于 0.3% 过氧化氢的甲醇溶液中 37℃ 恒温箱孵育 30 min,去除内源性过氧化物酶的影响。

4. 抗原修复

将切片用去离子水冲洗后,浸于 200 ml 的 pH 6.0 柠檬酸缓冲液中,置于微波炉中(900 W 加热 2.5 min 至沸腾),150 W 保温修复 15 min,自然冷却 30 min,再将切片放入 PBS 中洗 3 次,每次 5 min。

5. 血清封闭非特异性结合

以组化笔围绕切片画一个圈,圈内滴加 1:20 稀释的正常羊血清数滴,确保完全覆盖待检组织,置于湿盒中,放于 37℃ 恒温箱中孵育 40 min。

6. 一抗孵育

滴加 1:200 稀释的兔抗 α-SMA 多克隆抗体于组织片上,确保完全覆盖待检组织,置于湿盒中放于 37℃ 恒温箱孵育 2 h。

7. 洗片

将切片放入 PBS 中洗 3 次,每次 5 min。

8. 二抗孵育

在组织片上滴加 HRP 标记羊/小鼠抗兔 IgG 即用型检测试剂,确保完全覆盖待检组织,置于湿盒中,放于 37℃ 恒温箱中孵育 45 min。

9. 洗片

将切片放入 PBS 中洗 3 次,每次 5 min。

10. DAB显色

取出切片,在切片上滴加DAKO显色液作用30 s(注意避光,显色时应不时在镜下观察以控制显色程度),随后将切片置于TBS溶液中终止显色。

11. 苏木精复染

将切片放入苏木精染液中染色1 min,自来水冲洗,去除多余染液,1%盐酸乙醇15 s(盐酸乙醇步骤也可省略)。

12. 脱水透明

在浓度递增的梯度乙醇及二甲苯中脱水:75%乙醇(1 min)→85%乙醇(1 min)→95%乙醇(2 min)→无水乙醇(2 min)→二甲苯Ⅰ(2 min)→二甲苯Ⅱ(2 min)。

13. 封片镜检

取出切片,擦去多余液体,取中性树胶适量,滴加在载玻片的组织上,取盖玻片从一端小心盖下去,避免产生气泡,镜下观察。

💡 实验结果

周细胞广泛分布于全身的毛细血管和微血管的管壁,周细胞和内皮细胞(1:3)一起构成小鼠的血-脑屏障,对维持血-脑屏障功能的稳定十分重要。在脑微血管的周细胞上大量表达α-SMA,此是脑微血管中细胞特异性标志物。

从图5-6中可以看出,在脑微血管的管壁,α-SMA蛋白染色阳性,与预期的结果相符。

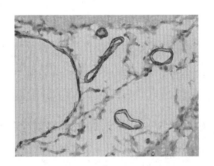

图5-6 酶免疫组织化学检测α-SMA蛋白镜下所见(400×)

⚠️ 注意事项

(1)微波抗原修复需控制总时间,以不超过20 min为宜;微波过程中必须保证缓冲液浸没玻片;若缓冲液蒸发,可适当补充一些去离子水。

(2)富含内源性过氧化物酶的组织,如血液组织,必须进行消除内源性HRP处理,其他组织可选择性使用。

（3）一抗在 37℃ 湿盒中孵育可缩短孵育时间，将抗体高度稀释并将孵育时间延长（4℃ 过夜）可减轻非特异性背景。

（4）苏木精复染时间要依据苏木精配制的时间做调整，新配制的苏木精复染的时间比久置的染液所需时间短。

（5）封片剂在加热板上加热使溶化，可在切片上加 1 滴封片剂后将盖玻片缓缓盖在切片上，也可将盖玻片放纸巾上，其中央加 1 滴封片剂，再将切片有组织的面朝下缓缓放在盖玻片上，避免在组织和盖玻片之间产生气泡。

第六章 常用细胞培养技术实验

细胞是生物医学研究的基础材料和实验对象,各种生命现象和活动的体外研究常从细胞实验开始,无论采用细胞株,或从生物体内分离进行原代培养都是医学研究中非常重要的技术。一般认为,现代生物技术包括基因工程技术、细胞工程技术、酶工程技术和发酵工程技术,而这些技术的发展几乎都与细胞培养有密切关系,特别是在医药领域的发展,细胞培养更具有特殊的作用和价值。

细胞培养是在体外条件下模拟组织细胞在体内的生理环境,使细胞生长和繁殖的方法,是当今生命科学领域一项十分重要的技术。体外细胞培养可以人为地控制各种实验条件、便于观察,因而广泛应用于各医学研究领域,在整个生物技术产业的发展中也具有很关键的核心作用。

实验一

悬浮细胞的培养（复苏、传代和冻存）

根据细胞是否能贴附在支撑物上生长的性质,将体外细胞培养分为贴附型和悬浮型两类。悬浮细胞不依赖支持物表面,一般为淋巴细胞等血液系统来源的细胞,呈球形或椭球形。

实验目的

通过学习悬浮型细胞培养的实验准备、培养方法等各个操作环节,熟悉体外细胞培养、传代、复苏和冻存的基本方法和详细操作过程,掌握基本的无菌操作技术。

实验原理

细胞在体外的生存条件与体内基本相同,除了基本的营养需要(氨基酸、维生素、碳水化合物及无机盐等)和适宜的生存环境(温度、pH、渗透压及气体等)之外,还要保证无毒、无菌的培养环境。培养细胞的最适温度为 $35\sim37℃$,一般气体环境为 95% 空气加 $5\%CO_2$ 的混合气体。CO_2 既是细胞代谢产物,也是细胞生长所需,对维持培养基的 pH 有重要作用。大多数细胞生长的适宜 pH 为 $7.2\sim7.4$。

细胞在培养过程中,一方面从环境(培养液)中摄取各种营养物以满足其生长需求,同时释放出代谢废物,营养的消耗和代谢废物的累积改变了培养环境中的成分和 pH,需要及时更换培养液。同时,细胞在培养过程中不断分裂,数量增加,需要进行传代。换液和传代可同时进行。细胞的保存是以细胞为材料达到长期研究目的的必要手段之一。冻存细胞可以使培养的细胞在保护剂作用下,在低温条件下得以长期保存。当需要时,可将冻存的细胞重新复苏培养。

本实验以 HL-60 细胞为例,介绍悬浮型细胞的培养、传代、复苏和冻存的基本方法和详细操作过程。HL-60 细胞株是美国国家癌症研究所(National Cancer Institute)从一个 36 岁患急性早幼粒细胞白血病的男性病人身上获取并建立的。

实验器材和试剂

1. 器材

超净台、高压蒸汽灭菌锅、倒置显微镜、超纯水仪、电热恒温水浴、液氮罐、CO_2 培养箱、冰箱、离心机、移液器及吸头、试管架、刻度移液管、滴管、离心管、细胞培养瓶、计数板、细胞计数仪、细胞冻存管、程序降温盒。

2. 试剂

HL-60 细胞、RPMI 1640 培养液、FBS、细胞培养用二甲基亚砜(DMSO)、PBS、0.4% 台盼蓝染液、$100\times$ 双抗溶液。

细胞培养液:含 10% FBS 的 RPMI 1640 培养液,加入双抗溶液(按 $1:100$ 稀释)。

细胞冻存液:按 RPMI 1640 培养液:FBS:DMSO 为 $45:45:10$ 配制。

实验步骤

1. HL-60 细胞的复苏

(1) 将细胞冻存管自液氮罐中迅速取出,立即放入 $37℃$ 水浴中,轻轻晃动,使其迅速溶解($2\,min$ 内)。注意冻存管盖始终处于液面上方,以防污染。

（2）75％乙醇喷洒消毒冻存管。在超净台中小心打开冻存管盖,吸出细胞悬液,转入离心管,加培养液至 10 mL,1 000 rpm 离心 5 min,弃上清液。

（3）用适量的培养液悬浮沉淀(一般接种浓度为 5×10^5/mL),转入培养瓶,37℃ 5％CO_2 孵育箱中培养。

（4）次日在倒置显微镜下观察细胞生长状态,37℃ 5％CO_2 孵育箱中继续培养。一般培养 2～3 d 需传代。

2. 细胞培养常规观察

细胞接种或传代后,需每天观察细胞生长状态、污染与否和培养液颜色变化等,随时掌握细胞动态,以便换液或传代处理。如发现异常情况应及时采取措施(见注意事项)。

3. 细胞的传代

（1）超净台内将细胞吹打成单细胞悬液,转入离心管,1 000 rpm 离心 5 min,弃上清液。

（2）用新鲜培养液重悬沉淀,计数,按细胞数多少分瓶传代。

（3）细胞接种数量无统一要求,依实验目的、血清含量和细胞性质而定。一般接种量在(1～10)$\times10^5$ 个细胞/mL。

4. 活细胞计数步骤

（1）培养细胞经吹打后制成单细胞悬液,取少量细胞悬液和 0.4％台盼蓝染液以 9:1 混合染色,尽快计数。

（2）将一小片盖玻片覆在计数板的计数室上,吸取 10 μL 染色后的细胞悬液,从盖片边缘滴入,使之充满计数室,立即在显微镜下观察并计数。着色的是死细胞,不着色的为活细胞。

（3）分别计数四角四大格中的活细胞数和死细胞数,每一大格含有 16 小格。细胞压线时,以计左不计右、计上不计下为原则。

$$每毫升原液细胞数=\frac{四大格细胞数之和}{4}\times10\,000\times稀释倍数 \quad (式6-1)$$

$$活细胞率=\frac{活细胞数}{死细胞数+活细胞数}\times100\% \quad (式6-2)$$

（4）或可用细胞计数仪读取活细胞和死细胞数。

5. 细胞的冻存

（1）取对数生长期细胞,在收集细胞前换液一次。

（2）吹打细胞成单细胞悬液,计数后 1 000 rpm 离心 5 min,弃上清液,用新鲜配制的冻存液重悬细胞,制成 1×10^7 个/毫升浓度的细胞悬液,分装入冻存管中。

(3) 按－1℃/分的速度冷冻细胞。可按下列程序降温:4℃(1 h)→0℃(1 h)→－20℃(1 h)→－80℃(1 h)→液氮(－196℃)中长期保存。或可将细胞冻存管放到程序降温盒中,再将程序性降温盒放入－80℃冰箱中,1~3 d后移入液氮罐中长期保存。

💡 **实验结果**

如图 6-1 所示,在倒置显微镜下观察 HL-60 细胞呈单个圆球形,胞膜清晰,悬浮生长。

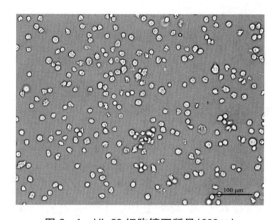

图 6-1　HL-60 细胞镜下所见(200×)

⚠ **注意事项**

(1) 无菌操作是细胞培养顺利进行的前提。在长时间培养工作中,即使用品消毒操作严格,也难以避免偶尔发生污染。细菌污染时,培养液呈不透明混浊的黄色。培养液中使用双抗溶液的目的就是为了预防细菌污染。

(2) 生长状态良好的细胞,在一般显微镜下观察时透明度大。细胞生长不良时,轮廓增强,胞质中常出现空泡、脂滴和其他颗粒状物,细胞间隙加大,细胞形态变得不规则,甚至失去原有特点。只有状态良好的细胞,才宜用于各种实验。

(3) 细胞接种数量无统一要求,依实验目的、血清含量和细胞性质而定。如实验周期短,希望细胞生长速度快时,接种量可大些。

(4) 液氮操作应注意安全,操作时要戴防冻手套以防冻伤。

(5) FBS 在 56℃水浴中灭活 30 min,可破坏补体及一些污染的微生物。然而随着血清采集、处理、加工工艺的提高,多数细胞培养中血清的热灭活并不是必要的。在本实验中 HL-60 细胞培养时 FBS 无需灭活,在无菌条件下分装成小份,－20℃保存。

（6）细胞计数时，将细胞悬液滴加在计数板上时要适量，若过多可使盖片飘动而不易观察，过少则易出现气泡。

实验二

贴壁细胞的培养

贴壁细胞必须贴附在培养支持物表面上才能生长，细胞表面表达丰富的黏附分子，贴附后细胞伸展成一定的形态。

实验目的

本实验以人肝癌细胞系 MHCC97H 的培养为例，详细介绍贴壁细胞培养的步骤，目的是掌握贴壁细胞复苏、传代和冻存的基本操作方法以及基本的无菌操作技术。

实验原理

一般情况下，贴壁细胞生长至约 80% 融合时需及时传代，使细胞延续生长下去。对于贴壁不紧密的细胞，如 HEK-293T 细胞，可直接吹散后分瓶；对于贴壁牢固的细胞则需要通过酶消化后进行分瓶。最常用的消化酶是胰酶。胰酶是一种蛋白酶，通过在特定位置上降解蛋白，使细胞间结合处蛋白质降解，这时细胞由于自身内部细胞骨架的张力作用形成球形，从而使细胞分开并脱离支持物。不同的组织或细胞对胰酶的反应不同，胰酶的活性还与其浓度、温度和作用时间有关，在 pH 为 8.0、温度为 37℃ 时，胰酶溶液的作用能力最强。使用胰酶时，应把握好浓度、温度和时间，以免消化过度造成细胞损伤。通过加入含有血清的培养液终止消化，因为血清中含有胰酶抑制剂。

细胞复苏时应将细胞从液氮中取出，置于 37℃ 水浴中快速解冻后重新培养。快速升温可防止解冻过程中水分进入细胞，形成冰晶，影响细胞存活。冻存时通过向细胞培养液中加入保护剂（例如甘油、DMSO），缓慢降低溶液温度，以减少冻存过程中冰晶的形成，从而降低对细胞的损伤。采用"慢冻快融"的方法能较好地保证细胞存活。标准冷冻速度开始为 $-2 \sim -1℃/min$，当温度低于 $-25℃$ 时可加速，到 $-80℃$ 之后可直接投入液氮内（$-196℃$）。程序降温盒是利用异丙醇热导率低的原理保持盒内温度均匀而稳定，缓慢下降，从而达到程序降温的目的。

实验器材和试剂

1. 器材

超净台、高压蒸汽灭菌锅、倒置显微镜、超纯水仪、电热恒温水浴、液氮罐、CO_2 培养箱、冰箱、离心机、移液器及吸头、试管架、刻度移液管、滴管、离心管、细胞培养瓶、计数板、细胞计数仪、细胞冻存管、程序降温盒。

2. 试剂

人肝癌细胞系 MHCC97H、DMEM 培养液、FBS、100×双抗溶液、PBS、0.25%胰酶、DMSO。

 实验步骤

1. 完全培养液的配制

DMEM 培养液	445 mL
FBS	50 mL
100×双抗溶液	5 mL
总体积	500 mL

2. 细胞的复苏

同本章实验一"悬浮细胞的培养"。贴壁细胞复苏后第二天一般会观察到细胞贴壁。

3. 细胞的常规培养与换液

细胞贴壁后每隔1～2d换液1次,吸弃原有培养液后加入37℃预热的新鲜培养液。在培养期间要经常观察细胞生长状态及污染与否。

4. 细胞的传代

取对数生长期的细胞,待细胞融合至80%左右时需及时对贴壁细胞进行传代。过程如下。

(1) 吸弃原有培养液。

(2) 加入 5 mL PBS,轻轻晃动细胞瓶,吸弃 PBS,洗 2 次。

(3) 加入 1 mL 的 0.25%胰酶,轻轻晃动细胞瓶,使胰酶覆盖整个瓶底,置于37℃培养箱或常温下消化,每隔半分钟用倒置显微镜观察细胞的消化状态,若细胞变圆或部分细胞脱壁时则加入含有胎牛血清的培养基终止消化。

(4) 将上述培养液转移到 15 mL 离心管,1 000 rpm 离心 5 min,弃上清液。

(5) 向离心管中加入 10 mL 新鲜的 DMEM 完全培养液,轻轻吹打重悬细胞,分别将其转移到 2 个新的细胞培养瓶中,即按 1∶2 传代,若细胞生长速度快可按 1∶3 或 1∶4 传代。转入新瓶后水平晃动细胞瓶,使细胞悬液均匀铺在瓶底。

5. 细胞的冻存

取对数生长期的细胞,待细胞融合至 80% 左右时需及时对贴壁细胞进行冻存。过程如下。

(1) 吸弃原有培养液。

(2) 加入 5 mL PBS,轻轻晃动细胞瓶,吸弃 PBS,洗 2 次。

(3) 加入 1 mL 胰酶消化,待细胞变圆或部分脱壁时加入含有 FBS 的培养基终止消化。

(4) 将上述培养液转移到 15 mL 离心管,1 000 rpm 离心 5 min,弃上清液。

(5) 按 DMEM 培养液∶FBS∶DMSO 为 4.5∶4.5∶1 的比例配制冻存液,加入离心管中,轻轻吹打使细胞悬浮,制成 10^7 个/毫升浓度的细胞悬液,分装到冻存管中。

(6) 将冻存管放入装有异丙醇的程序降温盒中,放入 −80℃ 冰箱中 1~3 d,将冻存管转入液氮中长期保存。

💡 **实验结果**

如图 6-2 所示,在倒置显微镜下观察人肝癌细胞系 MHCC97H 形态呈梭形或多角形。一般情况下复苏或传代后的 MHCC97H 细胞在 2 h 左右就能附着在瓶壁上,细胞生长较快。

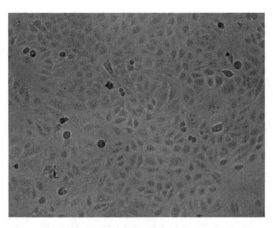

图 6-2　人肝癌细胞系 MHCC97H 镜下所见(200×)

⚠️ **注意事项**

(1) 细胞复苏时一定要快,使其在 1 min 内迅速溶解,离心后收集细胞,加入新鲜培养液。

（2）培养液和 PBS 预先在 37℃下预热，使细胞所处的温度环境相对恒定，以减少对细胞的伤害。

（3）贴壁细胞消化时要把握好消化时间，若消化时间过短，细胞仍贴附在瓶壁上；若消化时间过长，则会对细胞造成损害，影响细胞的生长状态。

（4）细胞冻存时一定要缓慢降温，不要直接投入液氮或放 －80℃冰箱，否则细胞内会形成冰晶而导致细胞死亡。

（5）整个培养过程注意无菌操作。

实验三

小鼠原代巨噬细胞的分离培养与鉴定

巨噬细胞是机体内重要的免疫细胞，具有抗肿瘤和免疫调节等多种功能，是研究细胞吞噬、细胞免疫和分子免疫学的重要对象。巨噬细胞属不繁殖细胞群，难以长期生存，多用作原代培养。

实验目的

学习小鼠原代腹腔巨噬细胞和骨髓巨噬细胞分离培养的方法，以及免疫荧光鉴定巨噬细胞的方法。

实验原理

巨噬细胞容易获得，便于培养，并可进行纯化，但其难以长期生存，在适宜条件下可存活 2～3 周，多用作原代培养。本实验以小鼠腹腔巨噬细胞和骨髓巨噬细胞为研究对象，学习原代巨噬细胞体外分离培养与鉴定的方法。

实验器材和试剂

1. 器材

CO_2 培养箱、超净台、15 mL 离心管、5 mL 移液管、移液器及吸头、旋涡振荡器、离心机、倒置显微镜、乙醇棉球、碘酒棉球、一次性注射器、手术镊、手术剪、培养皿、6 孔板、计数板、倒置荧光显微镜。

2. 材料与试剂

C57 小鼠、75% 乙醇、DMEM 培养液、FBS、100 × 双抗溶液、1% Triton、

X-100/PBS、兔抗小鼠 F4/80 抗体、FITC 标记的羊抗兔 IgG 抗体。

📖 实验步骤

1. 小鼠腹腔巨噬细胞的分离培养

（1）取一只 C57 小鼠，颈椎脱臼处死，在 75% 乙醇中浸泡 1～2 min，移入超净台中，仰卧位固定于解剖板上，用碘酒棉球消毒腹部皮肤，再乙醇棉球脱碘。用手术剪剪开腹部皮肤，暴露腹部肌层。

（2）腹腔注射含双抗的无血清 DMEM 培养液 5 mL。轻揉小鼠腹部 2～3 min，静置 5～7 min 后用手术镊稍提起腹腔，并用手术剪剪开一个小口，吸取腹腔内的细胞悬液，移入 15 mL 离心管中。

（3）1 000 rpm 离心 5 min 后弃上清液，加入含双抗的无血清 DMEM 培养液 10 mL 重悬细胞，再次离心后弃上清液。重悬细胞于含 10% FBS 的 DMEM 完全培养液中，将细胞浓度调整到 2×10^6 个/毫升，接种于 6 孔板中，每孔 2 mL，置 37℃ 的 5% CO_2 培养箱中培养。

（4）培养 4 h 后，弃上清液，用不含双抗的无血清 DMEM 培养液（或 PBS）洗涤 2 遍，然后加入含 10% FBS 的 DMEM 完全培养液在 37℃ 的 5% CO_2 培养箱中继续培养。培养过程中每天用倒置显微镜观察细胞形态。

2. 小鼠骨髓巨噬细胞的分离培养

（1）取一只 C57 小鼠，用 4% 水合氯醛麻醉后，75% 乙醇中浸泡消毒 15 min，移入超净台中，仰卧位固定于解剖板上。

（2）用碘酒棉球消毒两后肢皮肤，再用乙醇棉球脱碘。用手术剪剪开后肢皮肤，暴露肌层，无菌条件用手术剪剪取下两侧完整股骨，放入培养皿中。

（3）在股骨两端用注射器的针头打孔，用吸取了 DMEM 培养液的注射器插入股骨一端的孔中，注入培养液，冲洗出全部骨髓细胞；收集细胞悬液入 15 mL 离心管，1 000 rpm 离心 5 min 后弃上清液；用 DMEM 培养液重悬细胞后离心，弃上清液，共清洗 2 次；接种于事先培养好的条件培养基（DMEM＋20% FBS＋20% L929 细胞培养上清液）内，置 37℃ 的 5% CO_2 培养箱中培养。

（4）培养 4 d 后，换液去除悬浮细胞，继续用条件培养基培养 3 d，倒置显微镜观察细胞形态。

3. 免疫荧光法鉴定巨噬细胞

（1）将培养板中的细胞用 PBS 洗涤后再用甲醇固定。

（2）加入 1% Triton X-100/PBS 孵育 30 min，弃去液体。

（3）用 PBS 将兔抗小鼠 F4/80 抗体以 1：100 稀释，加入孔板，孵育 2 h。

（4）用 PBS 洗涤 5 次。FITC 标记的羊抗兔 IgG 抗体孵育 1h。

（5）PBS 清洗 5 次后，倒置荧光显微镜下观察绿色荧光。

💡 **实验结果**

1. 倒置显微镜下观察小鼠腹腔巨噬细胞形态（图 6-3）

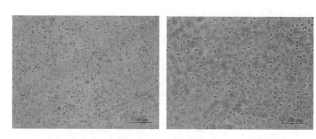

图 6-3 小鼠腹腔巨噬细胞镜下所见（左：100×；右：200×）

小鼠腹腔巨噬细胞刚贴壁时偏圆形，或者类似鹅卵石形，然后慢慢伸出伪足，铺开呈三角形或多角形。

2. 倒置显微镜下观察小鼠骨髓巨噬细胞形态（图 6-4）

图 6-4 小鼠骨髓巨噬细胞镜下所见（200×）

3. 免疫荧光技术检测巨噬细胞表面标志物 F4/80（图 6-5）

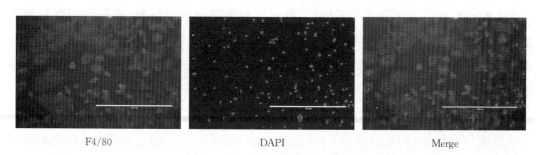

F4/80　　　　　　　　　DAPI　　　　　　　　　Merge

图 6-5 巨噬细胞表面标志物 F4/80 镜下所见（200×）

在荧光显微镜下观察巨噬细胞表面标志物 F4/80。分别摄绿色荧光（F4/80）和染成蓝色的细胞核（DAPI）2 张图片，并进行图片融合（Merge）。

⚠️ **注意事项**

(1) 严格无菌操作,所有操作均在超净台内进行。

(2) 揉小鼠腹部时动作要轻柔;吸取小鼠腹腔细胞悬液时,尽量不要吸到大、小肠,否则容易引起成纤维细胞污染。

(3) 巨噬细胞是终末分化细胞,不会增殖。

(4) 为避免交叉感染,每用一只小鼠均需更换注射器。

实验四

人血管内皮细胞的培养与鉴定

血管内皮细胞在各类血管性疾病的发病机制研究、心脏瓣膜和血管组织工程及基因治疗中均有着广泛的应用。血管内皮细胞的来源多为直接从组织中分离培养。动物的血管内皮细胞可以从主动脉、肺微血管等分离出来。人的血管内皮细胞有 2 个主要来源:从脐静脉或脐动脉中分离培养;从脐带血中分离血管内皮前体细胞诱导分化而来。

📋 **实验目的**

(1) 掌握从人脐静脉中分离血管内皮细胞的方法。

(2) 掌握从脐带血分离内皮前体细胞并诱导培养血管内皮细胞的方法。

(3) 掌握血管内皮细胞的鉴定方法。

⚙️ **实验原理**

血管内皮细胞处于血管的最内层,其下层有血管平滑肌细胞、成纤维细胞和周细胞等,因此可以采用机械刮刀刮取或酶消化的方法将血管内皮细胞分离出来。一般采用比较温和的胶原酶在限定时间和浓度下消化血管内皮,使内皮细胞脱落,收集培养。

采用 HISTOPAQUE - 1077 密度离心法从脐带血中分离血管内皮前体细胞,在特定培养液 EGM - 2 - MV 的诱导下,可使其分化为血管内皮细胞。血管内皮细胞鉴定的主要方法有:低密度脂蛋白(low-density lipoprotein,LDL)受体的内吞作用,特异性标志物 vWF、PECAM(CD31)和 UEA 结合等。

实验器材和试剂

1. 器材

剪刀、手术刀片、镊子、血管钳、棉线、玻璃插管、三通阀、离心管、注射器、玻璃滴管、6孔板、24孔板、25 cm² 培养瓶、腔式载玻片、0.22 μm 滤器、移液器及吸头、CO_2 培养箱、超净台、电热恒温水浴、低速离心机、高速离心机、高压气泵、机械组织匀浆机、超声粉碎机。

2. 试剂

（1）DMEM 培养液、M199 培养液、FBS、胰酶-EDTA、胶原酶 A、PBS、PBST、100×双抗溶液、两性霉素 B、L-谷氨酰胺、氢化可的松、肝素、防荧光淬灭封片介质、EGF、bFGF、VEGF、牛脑提取物、纤联蛋白、EGM-2-MV 试剂盒、去离子水、HISTOPAQUE-1077 分离液、4% 多聚甲醛、0.2% TritonX-100、DiI-acLDL、FITC-UEA-1、FITC-马抗小鼠 IgG、Rhodamine-羊抗兔 IgG、小鼠抗人 CD31 单抗、兔抗人 vWF 多抗。

（2）M199 血管内皮细胞完全培养液：M199 基础培养基、青霉素 100 U/mL、链霉素 100 μg/mL、两性霉素 B 1 μg/mL、肝素 10 U/mL、氢化可的松 1 μg/mL、牛脑抽提物 20 μg/mL、胎牛血清 10%、EGF 20 ng/mL、bFGF 2 ng/mL、L-谷氨酰胺 0.003 mol/L。新配培养液 2～3 周内用完。

（3）内皮细胞诱导液 EGM-2-MV 试剂盒，包含：基础培养基及添加剂有 hEGF、氢化可的松、庆大霉素、两性霉素 B、VEGF、bFGF、R^3-IGF-1、抗坏血酸（Vc）、FBS。

（4）封闭液：含 5% BSA 的 PBST。

实验步骤

1. 脐静脉内皮细胞的获取

（1）脐静脉内皮细胞的分离与培养

1）无菌条件下取新鲜脐带 20 cm，放入盛有 4℃ PBS 的容器中保存。

2）在超净台内取出脐带，放入无菌培养皿中，用无菌纱布擦干脐带外面的血污。

3）将脐带两端用 75% 乙醇棉球擦拭后，各剪去 1 cm。

4）找到脐静脉，在其两端分别插入一根玻璃插管，其中一根连接三通阀，另外一根连接橡胶管，均用细绳固定。

5）用注射器吸取 PBS 40 mL，插入三通阀，冲洗脐静脉。重复 3 次。

6）排空脐静脉内的液体，用止血钳夹闭橡胶管。

7）从三通阀注入 0.1% 胶原酶 7～10 mL，关闭三通阀。

8) 将脐带连同培养皿一起放于 37℃ 水浴中消化 15 min 后移入超净台。

9) 在超净台中取一支 50 mL 离心管,将脐带一端的橡胶管置于其中。打开止血钳和三通阀,用注射器将脐静脉中的消化液吹出,收集到 50 mL 离心管内。

10) 用注射器抽取 PBS 20 mL,从三通阀冲洗静脉 1 次,收集到同一支 50 mL 离心管中。

11) 将以上 2 次收集的液体混匀,1 000 rpm 离心 8 min。

12) 弃上清液,用 6 mL M199 内皮细胞完全培养液重悬细胞,接种于 6 孔板中,3 毫升/孔。

13) 24 h 后换液去除未贴壁细胞,以后每 3 天换液 1 次。

14) 待细胞完全汇合时,用 0.025% 胰酶+0.01%EDTA 消化。

15) 以 1∶4 传代接种于 25 cm² 培养瓶,每瓶加入培养液 5 mL。

16) 通过 vWF 免疫荧光染色、DiI-ac-LDL 吞噬实验和形态观察等方法鉴定脐静脉内皮细胞。

(2) 内皮前体细胞的分离培养与诱导分化

1) 无菌条件下用一次性注射器吸取肝素 300 U,插入脐带根部抽取新鲜脐带血 20 mL,快速颠倒注射器,使脐带血与肝素混匀,移入 50 mL 离心管,4℃ 保存,6~8 h 内使用。

2) 将上述抗凝脐带血用等体积 PBS 稀释、混匀。

3) 向 15 mL 玻璃离心管中先加入 4 mL HISTOPAQUE-1077 分离液,再沿管壁缓慢加入 6 mL 稀释好的抗凝脐带血,轻轻地平铺于分离液之上($V_血$∶$V_{分离液}$=3∶2;动作要慢,务必保证界面清晰)。

4) 用低速水平转子 2 000 rpm 离心 20 min,需设定慢加速和慢减速,离心完毕,离心管内将从原来的双层分为由上到下的 4 层,分别为:淡黄色血浆层、云雾状的单个核细胞层、分离液层、粒细胞层与红细胞层(图 6-6)。

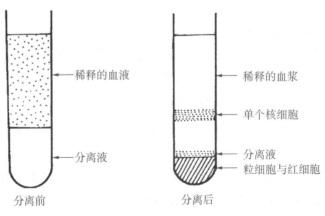

图 6-6　HISTOPAQUE-1077 密度离心分离单个核细胞示意图

5）用移液器将血浆层吸去，收集单个核细胞层至新 15 mL 离心管（尽量避免吸取下层分离液）。

6）用 10 mL PBS 重悬细胞，800 rpm 离心 8 min，弃上清液。如此洗涤细胞 2～3 次，以去除可能残留的分离液成分。

7）用 EGM－2－MV 培养液重悬细胞，并调整单个核细胞浓度为 $1×10^6$ 个/毫升，接种于 6 孔板中，每孔 3 mL，置于 37℃、5%CO_2 培养箱中培养。

8）于培养的第四天吸去未贴壁细胞，并更换新 EGM－2－MV 培养液，以后每 2～3 天换液 1 次，并每天观察细胞生长情况。培养 2～3 周后，细胞出现典型的"铺路石样"内皮细胞形态。

9）待细胞汇合度达到 70%～80% 时，用 0.025% 胰酶－0.01%EDTA 消化，换用 M199 内皮细胞完全培养液按 1∶（4～6）比例传代，接种于 25 cm^2 培养瓶中继续培养。

2. 脐静脉内皮细胞的鉴定

（1）抗人 vWF 染色

1）将细胞消化收集后，用培养液稀释至 $1×10^6$ 个/毫升，接种于腔室载玻片中，37℃、5%CO_2 培养箱中培养过夜。

2）用移液器吸弃培养液，用 PBS 洗 2 次。

3）加入 4% 多聚甲醛固定 15 min，用 PBS 洗 3 次。

4）滴加 0.2% TritonX－100，作用 5 min，使细胞膜通透，用 PBS 洗 3 次。

5）滴加封闭液封闭 30 min。

6）吸弃封闭液，加入兔抗人 vWF 多抗（用封闭液 1∶250 稀释），室温孵育 30 min。

7）弃去抗体稀释液，加入 PBST 轻轻摇晃 2 min，弃去 PBST，如此重复 3 次。

8）再用 PBS 洗 1 次。

9）加入 Rhodamine－羊抗兔 IgG（用封闭液以 1∶150 稀释），室温孵育 30 min。

10）弃去二抗稀释液，加入 PBST 轻轻摇晃 2 min，弃去 PBST，如此重复 3 次。

11）再用 PBS 洗 1 次。

12）加 0.5 μg/mL 的 DAPI，复染细胞核 3 min。

13）用 PBS 洗 3 次。

14）去除腔室，在载玻片上滴加防荧光淬灭封片介质，加盖玻片封片。

15）4℃ 避光保存或立刻在正置荧光显微镜下观察并拍照。

（2）抗人 CD31 染色：步骤同上述"（1）抗人 vWF 染色"，一抗为小鼠抗人 CD31 单抗（用封闭液以 1∶25 稀释），室温孵育 30 min；二抗为 FITC－马抗小鼠 IgG（用封闭液以 1∶100 稀释），室温孵育 30 min。

（3）抗人 vWF 和 CD31 双标染色：步骤同上述"（1）抗人 vWF 染色"，一抗为兔抗人

vWF 多抗(用封闭液以 1∶250 稀释)和小鼠抗人 CD31 单抗(用封闭液以 1∶25 稀释)的等体积混合液,室温孵育 30 min;二抗为 Rhodamine-羊抗兔 IgG(用封闭液以 1∶150 稀释)和 FITC-马抗小鼠 IgG(用封闭液以 1∶100 稀释)的等体积混合液,室温孵育 30 min。

(4) UEA 结合实验

1) 将细胞消化收集后,用培养液稀释至 1×10^6 个/mL,接种于腔式载玻片中,37℃ 5%CO$_2$ 培养箱中培养过夜。

2) 用移液器吸弃培养液,PBS 洗 3 次。

3) 用 4% 多聚甲醛固定 15 min,PBS 洗 3 次。

4) 加入封闭液室温封闭 15 min,弃去封闭液。

5) 用封闭液将 FITC-UEA-1 稀释至 10 μg/mL,加入腔室,室温孵育 1 h。

6) 用 PBS 轻柔地洗 2 min,共洗 3 次。

7) 弃去 PBS,加入 0.5 μg/mL 的 DAPI,复染细胞核 3 min。

8) 用 PBS 轻柔地洗 3 次。

9) 去除腔室,在载玻片上滴加防荧光淬灭封片介质,加盖玻片封片。

10) 4℃ 避光保存或立刻在正置荧光显微镜下观察拍照。

(5) 内皮细胞 DiI-Ac-LDL 吞噬实验

1) 将细胞接种于 6 孔板。

2) 用 M199 完全培养液稀释 DiI-Ac-LDL 至 10 μg/mL,加入孔板中于 37℃ 孵育 4 h。

3) 弃去培养液,用 PBS 洗 5 次。

4) 在倒置荧光显微镜下观察并拍照。

💡 **实验结果**

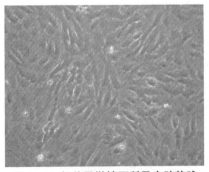

图 6-7 相差显微镜下所见人脐静脉内皮细胞(200×)

1. 人脐静脉内皮细胞培养

一条长约 20 cm 的脐带,用灌注消化法可获得活细胞约 5×10^5 个。新消化下的内皮细胞为单个细胞或几个至几十个细胞的细胞团,细胞呈圆形;培养 3~6 h 后就会出现贴壁的细胞,24 h 后绝大多活细胞均已贴壁。4~5 d 后,内皮细胞汇合接近 80%,细胞的大小均一,呈现出典型的"铺路石样"形态(图 6-7)。

2. 免疫荧光鉴定

细胞经 vWF 免疫荧光染色,胞质内显示强阳性红色着色,可见到内皮细胞特有的 W-P 小体结构(图 6-8);同时可见内吞 LDL(图 6-9)。

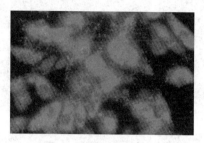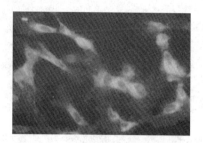

图 6-8 vWF 的免疫荧光染色镜下所见(400×)　　图 6-9 LDL 内吞镜下所见(400×)

3. 内皮前体细胞培养与鉴定

(1) 密度梯度分离的单个核细胞,培养 4 d 后,去掉未贴壁细胞,可见培养板底部有许多圆形或梭形的内皮前体细胞黏附(图 6-10A)。培养 5~7 d 后梭形细胞伸长更加明显,数量增多,占细胞数的 80%~90%,可以观察到典型的细胞集落(图 6-10B)。另外还有 10%~15% 的细胞呈多形性。随着培养时间的延长,长梭形细胞逐渐减少,而多形性细胞迅速增多,并且在多形性细胞密集的区域出现汇合成单层的内皮样细胞,细胞排列紧密,增殖能力旺盛,部分区域为内皮样细胞和多形性细胞混合存在(图 6-10C)。

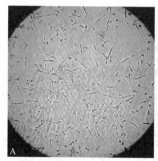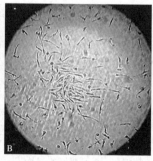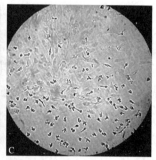

图 6-10 内皮前体细胞生长过程的镜下形态观察

A. 内皮前体细胞培养第四天后,换液后剩下梭形的贴壁细胞(100×);B. 培养第六天后,内皮前体细胞形成集落,多数细胞呈长梭形,少数呈多角形(100×);C. 培养第十天,部分细胞开始出现内皮细胞样形态并有汇合现象,长梭形细胞减少,多角形细胞占多数(100×)。

(2) 内皮前体细胞分化的内皮样细胞长成"铺路石样"形态(图 6-11A),并可以吞噬 Dil-acLDL。在荧光显微镜下可观察到胞质内细胞核周围密集的红色点状荧光(图 6-11B),还可以结合 FITC-荆豆凝集素,见整个细胞均阳性着色,细胞边界和形态清晰可见(图 6-11C)。内皮样细胞膜上有成熟内皮细胞标志物 CD31 的表达,尤其是在细胞相互接触的部位 CD31 强阳性表达(图 6-11D),胞质中高表达 vWF,并呈典型的 W-

P 小体结构(图 6‑11E)。进行 CD31 和 vWF 双染色时,细胞同时呈现阳性着色(图 6‑11F)。

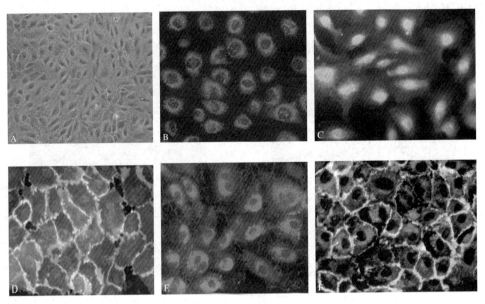

图 6‑11 分化成熟内皮样细胞的鉴定(镜下所见)

A. EPCs 诱导培养 3 周后,细胞出现典型铺路石样形态(200×);B. 低密度脂蛋白吞噬实验(400×);C. UEA‑1 结合实验(400×);D. CD31 染色(400×);E. vWF 染色(400×);F. CD31 和 vWF 双染色(400×)。

⚠ **注意事项**

(1) 一般采用传代 3~8 次的原代培养细胞用于研究,传代 8 次以上的细胞往往已产生比较大的变化。

(2) 在从脐静脉分离内皮细胞时,需根据自己的经验摸索胶原酶的浓度、消化的时间和温度。消化时间过长,会造成血管内皮细胞的损伤,不易存活;也易引起平滑肌细胞脱落,并因其生长迅速而抑制血管内皮细胞的生长,导致实验失败。

(3) 血管内皮细胞传代时,胰酶的浓度应尽可能低,消化时间尽可能短,以减少细胞损伤。显微镜下观察到细胞变圆时,即可用含有血清的培养液终止消化,用手拍培养瓶底部,使细胞脱落下来。

(4) 脐带血密度离心分离时,需采用慢加速和慢减速,以防密度层的扰动和扩散。

实验五

小鼠小肠类器官的三维培养

类器官(organoid)是由干细胞在体外培养时形成的异质性三维(3D)结构,其功能类似于体内组织。此类体外培养系统包括一个自我更新干细胞群,可分化为器官特异性细胞类型,与对应的器官拥有类似的空间组织并能够重现对应器官的部分功能,从而提供一个高度生理相关系统。类器官提供了创建细胞疾病模型的机会,可以对其进行研究以更好地了解疾病的原因并确定可能的治疗方法,因此在发育生物学、病理学、细胞生物学、再生机制研究、精准医疗,以及药物毒性和药效试验等领域具有广泛的应用价值。

实验目的

掌握小鼠小肠类器官培养技术,了解类器官培养的原理及其应用。

实验原理

小肠类器官可以在模拟隐窝干细胞培养微环境的培养基中生长,再现体内小肠上皮生理周期。来源于成年小鼠小肠组织,使用基质胶(matrigel)模拟细胞外基质微环境,含有特殊生长因子的培养基模拟体内肠隐窝基底的信号通路。生成的类器官包括一种围绕中央内腔的单层细胞上皮,以及萌芽的隐窝结构,这些隐窝结构含有肠道干细胞和潘氏细胞,从而构成了干细胞龛(niche)。与体内肠上皮情况类似,肠干细胞逐渐分化成终末分化细胞,脱落至管腔,致使管腔看起来颜色较深。随着时间的推移,细胞碎片汇集于腔室之内,以致即使存在适当的生长因子,也会导致这些培养物的活率相应下降。因此,必须对这些类器官培养物进行周期性传代,以打破封闭的管腔,打散隐窝,对类器官进行重新构建。

实验动物

C57 小鼠或昆明鼠,1 只。

实验器材和试剂

1. 器材

手术剪、镊子、大鼠灌胃针、血管钳、注射器、24 孔板、10 cm 培养皿、载玻片、盖玻片、100 μm/70 μm 滤网、移液器及吸头、超净台、电热恒温水浴、离心机、50 mL/15 mL/1.5 mL 离心管、CO_2 培养箱、蔡氏 AmgerA2 正置荧光显微镜,Axiocam 503、徕卡 DM3500 倒置荧光显微镜、移液枪及枪头。

2. 试剂

(1) 类器官生长培养基(小鼠),包括 IntestiCult 小鼠类器官生长基础培养基、补充液 1 和补充液 2。

(2) 100×双抗溶液。

(3) 双抗/PBS：用1×PBS将双抗稀释为终浓度2×。如：49 mL PBS+1 mL PS，临用前新鲜配制。

(4) Matrigel(已分装成1 mL/管)实验当日从−20℃取出，置4℃解冻。

(5) 0.015 mol/L EDTA/PBS：每20 mL 双抗/PBS中加600 μL 0.5 mol/L 的 EDTA。

(6) 0.01 mol/L EDTA/PBS：每20 mL 双抗/PBS中加400 μL 0.5 mol/L 的 EDTA。

(7) 1%BSA：每1 g BSA溶于100 mL双蒸水，过滤除菌。

(8) 1% BSA/PBS：每100 mL 1×PBS中，加入1 g BSA，混匀。

(9) Advance DMEM/F12 细胞培养液。

(10) 小鼠类器官完全培养基。

在分离隐窝的当天，从冰箱中取出小鼠类器官生长基础培养基、补充液1和补充液2，放在超净台上加热至室温(15～25℃)。将补充液1和补充液2加入小鼠类器官生长基础培养基，混匀以彻底混合补充液1和补充液2，则为完全培养基。

完全培养基可在2～8℃下贮存2周。为避免反复冻融，可将完整培养基分装后贮存于−20℃，最多可贮存3个月。

📖 实验步骤

1. 小鼠小肠隐窝的提取

(1) 颈椎脱臼处死小鼠后，用针头固定在塑料板上，喷洒75%乙醇消毒。

(2) 用剪刀打开小鼠腹部，轻轻分离肠系膜，从十二指肠开始向下取约10 cm小肠，放于含双抗/PBS的培养皿内，置于冰上。

(3) 用灌胃针(或针筒)吸取培养皿内的双抗/PBS缓冲液，从小肠一端开口冲洗小肠3次。

(4) 用小剪刀纵向剪开小肠，再将小肠横切成长2～3 mm的小段，放入含20 mL预冷双抗/PBS缓冲液的50 mL离心管中，标记为1号离心管。

(5) 上下震荡离心管10～20次，可见明显絮状漂浮物。静置1 min待小肠片段沉于管底，用移液管吸弃混浊液体，切勿吸去小肠片段。

(6) 再次加入20 mL预冷双抗/PBS缓冲液，上下轻轻颠倒2次，静置后用移液管吸除液体，反复4～5次直至液体清亮，弃去液体。

(7) 加入0.015 mol/L EDTA/PBS缓冲液，0℃消化20 min，吸弃离心管内液体以去除绒毛。加入预冷双抗/PBS缓冲液约20 mL，上下轻轻颠倒2次，静置后用移液管吸除液体,如此反复冲洗数次,直至溶液清澈。

（8）向离心管内加入 0.01 mol/L EDTA/PBS 缓冲液约 20 mL,0℃ 消化 20～30 min。剧烈振荡 20 次,可见液体再次浑浊。取 1 滴液体滴加在载玻片上,镜下可见消化下的隐窝。

2. 分离隐窝

（1）取 4 支 50 mL 离心管,分别标记为 2～5;用 1% BSA/PBS 缓冲液包被,分别将 100 目滤网放置其上。

（2）吸取 1 号离心管中所消化下隐窝加入 2 号离心管的滤网中,滤液收集至 2 号离心管中。再向 1 号离心管中加入约 20 mL PBS 缓冲液清洗,滤液同样经过滤后收集入 2 号离心管中,此时 2 号离心管中约有液体 50 mL。

（3）向 1 号离心管中加入约 20 mL 双抗/PBS,上下振摇约 10 次,100 目过滤,滤液收集于 3 号离心管中。再次向 1 号离心管中加入约 20 mL PBS 缓冲液清洗,上清液经过滤后滤液收集于 3 号离心管中,此时 3 号离心管中约有液体 50 mL。

（4）重复此步骤,同样在 4 号和 5 号离心管中均各共收集约 50 mL 滤液。

（5）将 2～5 号离心管离心,4℃,200×g,5 min,弃上清液。沉淀分别用 5 mL 双抗/PBS 重悬。取每管中的液体各 1 滴,滴加在载玻片上,镜下观察。将隐窝量多而绒毛少的样品管中的液体合并后再次离心,4℃ 600 rpm 离心 5 min,弃上清液。

（6）沉淀中加入预冷双抗/PBS 缓冲液 20 mL 吹打清洗,4℃ 600 rpm 离心 5 min,弃上清液,以去除单个细胞杂质。

（7）用移液管吸取预冷双抗/PBS 缓冲液 10 mL 加入沉淀中,吹打成悬浮液,取 10 μL 液体置于玻片上,显微镜下计数隐窝数量。估计隐窝总体数量,按实验目的选取一定数量的隐窝于 15 mL 离心管中。

（8）4℃ 200×g 离心 5 min,弃上清液,隐窝沉淀保留在离心管中。

3. 3D 培养（冰上操作）

（1）在超净台中,将枪头、24 孔板置于冰上预冷。

（2）用 Advance DMEM/F12 细胞培养液悬浮隐窝沉淀,取 10 μL 悬液计数隐窝数量,根据计数结果调整溶液体积,离心管置于冰上,加入 matrigel,使培养液与 matrigel 的比例为 4：6,调整隐窝浓度为 200 个/50 微升。

（3）按 50 微升/孔滴入 24 孔板内(或 15 微升/孔,48 孔板),注意保持"水滴状"。

（4）将 24 孔板置于 37℃ 培养箱内 5 min 后,加入 500 微升/孔(300 微升/孔,48 孔板)的完全培养基。

（5）在 37℃ 5% CO₂ 培养箱中继续培养。

（6）隐窝培养过程中,每 3 天换 1 次培养基。一般 3 h 后镜下可见呈圆形,1 天后出芽。

4. 隐窝传代

（1）用 1%BSA 润洗 15 mL 离心管。

（2）溶胶：将 1 mL 预冷的 PBS 加入培养孔中，吹打至胶溶解，转移至 15 mL 离心管中，4℃ 200×g 离心 5 min。离心结束后，离心管中从下到上依次为隐窝沉淀、基质胶、PBS。

（3）吸去 PBS 和基质胶，再加入 10 mL 新的 PBS，吹打，离心，一般洗 3 次（若有少量残留胶未洗干净，不影响隐窝生长）。

（4）将离心管置于冰上，按 50 微升/孔的体积加入基质胶重悬，混匀。铺 24 孔板，每孔 50 μL。尽量避免气泡的产生。37℃ 培养 5 min，待凝后加入 500 μL 培养基继续培养。

💡 实验结果

从小鼠小肠分离的隐窝经 3D 培养 3 h～3 d 形成类器官的镜下观察结果见图 6-12。从小肠分离的隐窝组织在模拟隐窝干细胞培养微环境的培养基中 3D 培养 3～24 h 后形状逐渐趋于圆形。后逐渐"出芽"，生成包括围绕中央内腔的单层细胞上皮，以及萌芽的隐窝结构类器官，这些隐窝结构含有肠道干细胞和潘氏细胞，从而构成了它们的干细胞龛。随着培养时间的延长，肠道干细胞逐渐分化成终末分化细胞，脱落至管腔，使管腔看起来颜色较深，此时则需进行传代。

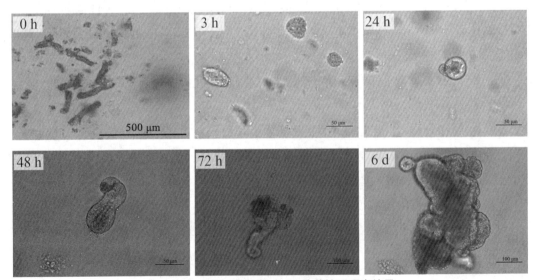

图 6-12　小鼠小肠类器官 3D 培养镜下观察结果

小鼠小肠分离的隐窝（0 h，5×）；经 3D 培养 3 h（20×）、24 h（20×）、48 h（20×）、72 h（10×）和 6 d（10×）形成的类器官。

⚠ 注意事项

（1）在分离小鼠肠道隐窝处理肠道的过程中，应先清除肠系膜（连接肠道与腹壁的膜），然后再切割小肠。如果肠系膜未预先去除，在随后的洗涤步骤中肠段则难以沉降。

（2）含有肠道隐窝的基质胶滴液凝固之后，沿孔壁一侧向孔中添加培养基。如果培养基直接加到基质胶的液滴上，液体的作用力可能会破坏圆顶状的基质胶液滴。

（3）培养基和类器官本身均能够产生促使类器官扩增和成活所需的因子，因此隐窝的接种应在适当的密度范围内。如果隐窝的接种密度过大，则培养基无法提供隐窝生长和扩增所需的足够营养；如果隐窝的接种密度太小，则类器官无法产生充足的因子，也会导致无法实现适当扩增。接种时，可使用 3 种不同密度的隐窝进行铺板。

（4）传代时，显微镜下观察到隐窝分散开，注意吹打的力度，既要将芽吹打开，又不能将细胞吹打碎。

第七章　流式细胞术实验

流式细胞术是一种常用的基于激光的技术,用于分析细胞或颗粒的特性。在现代生物医学研究中,流式细胞术是一项非常有价值的技术。

流式细胞术工作原理是在细胞、分子水平上通过单克隆抗体对单个细胞或其他生物粒子进行多参数、快速的定量分析。它可以高速分析上万个细胞,并能同时从一个细胞中测得多个参数,具有速度快、精度高、准确性好的优点,是当代最先进的细胞定量分析技术之一。

通过测量荧光标记抗体产生的荧光强度,流式细胞术可用来分析蛋白质,或与特定细胞相关分子[如与 DNA 结合的碘化丙啶(propidium iodide,PI)]结合的配体,用于分析细胞表面和细胞内分子的表达,描述和定义异质细胞群中的不同细胞类型,评估分离亚群的纯度,以及分析细胞体积大小。这项技术广泛用于细胞群的表征和蛋白质标志物的表达分析。

实验一

流式细胞仪检测细胞周期

细胞周期分析常用于肿瘤的早期诊断、良恶性判断和抗肿瘤治疗的疗效检测。在肿瘤病理学研究中,通常以 S 期细胞占比作为判断肿瘤增殖状态的指标。

实验目的

通过 PI 染色的方法,观察饥饿处理后 HL-60 细胞周期的变化,掌握流式细胞术检测细胞周期(cell cycle)变化的原理和方法。

实验原理

细胞周期是指细胞从前一次分裂结束起到下一次分裂结束为止的过程,通常由 G_0/G_1 期、S 期、G_2 期和 M 期组成。细胞内 DNA 的含量随着细胞周期的进程呈现周期性的变化。对二倍体细胞来说,在 G_1 期细胞开始合成 RNA 和蛋白质;进入 S 期时 DNA 开始合成;当 DNA 复制成为四倍体时,细胞进入 G_2 期;G_2 期细胞继续合成 RNA 及蛋白质,直到进入 M 期。根据细胞内的 DNA 含量,G_1 期细胞仍保持二倍体,无法与 G_0 期区分开来,因此合称为 G_0/G_1 期;S 期细胞 DNA 的含量介于 G_1 期和 G_2 期之间;从 DNA 含量我们同样无法区分 G_2 期和 M 期,因此将其合称为 G_2/M 期。

荧光染料 PI 是一种可对 DNA 染色的细胞核染色试剂,在嵌入双链 DNA 后释放红色荧光。PI 不能通过活细胞膜,但能穿过通透的或破损的细胞膜而对核酸染色。DNA 可以与荧光染料 PI 结合,在 488 nm 激发光下能产生红色荧光,可被流式细胞仪检测到。细胞各期由于 DNA 含量不同从而结合的荧光染料量不同,流式细胞仪检测的荧光强度也不一样,因此可通过 PI 染色来观察细胞周期的变化。由于 RNA 也可被 PI 染色,因此需要加入 RNase A 去除 RNA。

实验器材和试剂

1. 器材

高速冷冻离心机、流式细胞仪、电热恒温水浴。

2. 试剂

(1) HL-60 细胞。

(2) RPMI 1640 培养液。

(3) 100×双抗溶液。

(4) PBS。

(5) 无水乙醇。

(6) 去离子水。

(7) 细胞周期检测试剂盒:内含 RNase A 和 PI 染液。

实验步骤

(1) 细胞铺板与饥饿处理:将 HL-60 细胞接种到 6 孔板中,密度为 1×10^6 个/毫升,每孔 2 mL,共 2 孔:一孔加入含 FBS 和双抗的 RPMI 1640 培养液,为对照组;另一孔加不含 FBS 的含双抗的 RPMI 1640 培养液做饥饿处理,为实验组。

(2) 培养 48 h 后将细胞收集到 2 mL 离心管中,2 000 rpm 离心 5 min,弃上清液。

（3）加入预冷的 PBS 1 mL，2 000 rpm 离心 5 min，弃上清液。重复洗 1 次。

（4）在细胞沉淀中加入预冷的 70% 乙醇 500 μL 轻轻吹打细胞，4℃ 放置 2 h 至过夜以固定并通透细胞。

（5）2 000 rpm 离心 5 min，弃上清液。

（6）加入预冷的 PBS 1 mL 重悬细胞，将细胞悬液用 200 目网筛过滤，收集滤液以获得单细胞悬液。

（7）2 000 rpm 离心 5 min，弃上清液。

（8）在细胞沉淀中加入 100 μL RNase A 将细胞悬浮，37℃ 水浴 30 min。

（9）加入 400 μL PI 染色，4℃ 避光孵育 30 min。

（10）流式细胞仪检测，记录激发波长 488 nm 处红色荧光。

（11）使用 Flowjo 软件分析结果。

实验结果

细胞的生长离不开一定的营养物质，HL-60 细胞的生长需要血清提供所需的营养成分，在本实验中对 HL-60 细胞进行饥饿处理（即无血清培养）48 h 后经流式分析发现，对照组 G_0/G_1 期、S 期、G_2/M 期细胞比例分别为 64.17%、24.26%、11.57%；实验（饥饿处理）组 G_0/G_1 期、S 期、G_2/M 细胞比例分别为 82.23%、6.79%、10.98%，可见实验组 G_0/G_1 细胞比例明显增加，说明饥饿处理 48 h 可将 HL-60 细胞阻滞在 G_0/G_1 期，且细胞死亡率明显增加（细胞碎片比例上升）（图 7-1）。

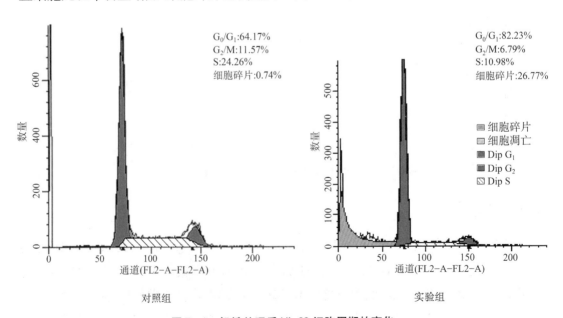

图 7-1　饥饿处理后 HL-60 细胞周期的变化

 **注意事项**

（1）吹打细胞时动作要轻柔，避免细胞破裂。

（2）检测所需细胞数量要达到 1×10^6 个以上。

（3）加入 PI 染液孵育时注意避光。

实验二

Annexin V/PI 双染法检测细胞凋亡

细胞凋亡是指细胞在一定的生理或病理条件下，受内在遗传机制的控制自动终止生命的过程，在胚胎发育和组织稳态维护过程中有重要意义。许多病理状态下，细胞的凋亡水平发生改变，因此检测细胞凋亡的变化是医学研究的重要手段。细胞凋亡过程有显著的形态学特征，包括质膜不对称性和黏附能力丧失、细胞质和细胞核皱缩、核小体间 DNA 断裂等。检测细胞凋亡的方法有多种，包括 TUNEL 法、形态学观察法、流式细胞术等方法。膜联蛋白 V（Annexin V）/PI 双染法是比较常用的流式细胞术检测细胞凋亡的方法。

实验目的

通过 FITC-Annexin V 和 PI 双染法，利用流式细胞仪检测无血清饥饿处理后 HL-60 细胞凋亡率的变化。通过本实验掌握 Annexin V/PI 双染后经流式细胞仪检测细胞凋亡的原理及实验方法。

实验原理

磷脂酰丝氨酸（phosphatidylserine，PS）是一种带负电的磷脂，正常情况下存在于细胞膜内面。在细胞凋亡的早中期 PS 从细胞膜内转移到细胞膜外。Annexin V 是一种 Ca^{2+} 依赖的磷脂结合蛋白，易于与磷脂类结合。当细胞发生凋亡时，外翻的 PS 与荧光染料 FITC 标记的 Annexin V 结合，通过流式细胞仪可检测出细胞的凋亡情况。

荧光染料 PI 是一种可对 DNA 染色的细胞核染色试剂，在嵌入双链 DNA 后释放红色荧光。PI 不能通过活细胞膜，但能穿过破损的细胞膜对核酸染色。凋亡早期的细胞膜完整，可被 Annexin V 染色，而对 PI 拒染。凋亡后期的细胞可同时被 Annexin V 和 PI 标记，因此可通过此方法来定量分析凋亡细胞与坏死细胞的比例。

实验器材和试剂

1. 器材

高速冷冻离心机、流式细胞仪。

2. 试剂

(1) HL-60 细胞。

(2) RPMI 1640 培养液。

(3) PBS。

(4) FITC Annexin V 凋亡检测试剂盒内含：5×Annexin-结合缓冲液、FITC-Annexin V 和 PI 染液。

实验步骤

(1) 细胞铺板与饥饿处理：将 HL-60 细胞接种到 6 孔板中，密度为 $1×10^6$ 个/mL，每孔 2 mL，共 3 孔，其中 2 孔为含 FBS 的 RPMI 1640 培养液，分别标记为"空白组"和"对照组"；另一孔为不加血清的 RPMI 1640 培养液，标记为"实验组"。

(2) 培养 48 h 后将细胞分别收集到 2 mL 离心管中，2 000 rpm 离心 5 min，弃上清。

(3) 向细胞沉淀中加入预冷的 PBS 1 mL 重悬细胞，2 000 rpm 离心 5 min，弃上清液；重复洗涤 1 次。

(4) 向细胞沉淀中加入 100 μL 1×Annexin-结合缓冲液，重悬细胞。

(5) 向对照组和实验组中分别加入 5 μL FITC-Annexin V 和 5 μL 的 PI 染液；空白组不加这 2 种试剂。室温避光孵育 15 min。

(6) 向 3 组中各分别加入 400 μL 1×Annexin-结合缓冲液，温和混匀，置于冰上。

(7) 在 1 h 内完成流式细胞仪检测，激发波长为 488 nm，发射波长为 530 nm 和 575 nm。

(8) 使用 Flowjo 软件分析结果。

实验结果

实验结果：可见对 HL-60 细胞饥饿处理 48 h 的细胞早期与晚期凋亡率与对照组相比均增加(图 7-2)。

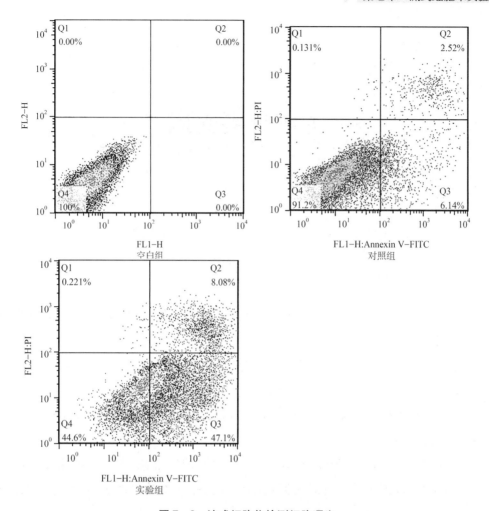

图 7-2　流式细胞仪检测细胞凋亡

结果判读:根据空白组的荧光设置分门,结果以四象限形式展示,每个象限所代表的细胞状态如下。

Q1:(AnnexinV-FITC)-/PI+,此区域的细胞为死细胞。

Q2:(AnnexinV-FITC)+/PI+,此区域的细胞为晚期凋亡细胞。

Q3:(AnnexinV-FITC)+/PI-,此区域的细胞为早期凋亡细胞。

Q4:(AnnexinV-FITC)-/PI-,此区域的细胞为活细胞。

⚠ **注意事项**

(1) 所需检测细胞数目要达到 1×10^6 个以上,如果细胞数目太少,流式细胞仪收集细胞的时间会延长,降低实验效率。

(2) PI染色时间不宜过久,一般不宜超过 1h。

(3) 加入荧光染料后注意避光操作。

主要参考文献

1. 王天云. 医学生物化学与分子生物学实验技术与方法[M]. 郑州:海燕出版社,2020.

2. 王廷华,刘进,Merlio J P. 分子杂交理论与技术[M]. 3版. 北京:科学出版社,2013.

3. 王恒樑. PCR 技术原理、方法及应用[M]. 3版. 北京:化学工业出版社,2021.

4. 卢圣栋. 现代分子生物学实验技术[M]. 2版. 北京:中国协和医科大学出版社,1999.

5. 印莉萍,李静,于荣. 细胞分子生物学教程[M]. 4版. 北京:科学出版社,2015.

6. 任萌,张海娇,康玮,等. 血清灭活对小鼠淋巴瘤试验结果的影响[J]. 药物评价研究,2018,41(8):1399-1402.

7. 刘振学,王力. 实验设计与数据处理[M]. 2版. 北京:化学工业出版社,2015.

8. 刘维金,高士争,王吉贵. 精编分子生物学实验指导[M]. 北京:化学工业出版社,2009.

9. 刘颖,朱虹光. 现代组织化学原理及技术[M]. 上海:复旦大学出版社,2017.

10. 李玉花,徐启江. 现代分子生物学模块实验指南[M]. 2版. 北京:高等教育出版社,2017.

11. 李海涛,肖丹,屈学民,等. 小鼠腹腔巨噬细胞的分离与培养[J]. 现代生物医学进展,2008,8(4):638-639.

12. 李燕,张健. 分子生物学实用实验技术[M]. 西安:第四军医大学出版社,2011.

13. 张亚东,卢涵宇,陈亮,等. 类胰蛋白酶通过 PAR2 激活 JAK-STAT 通路促进小鼠骨髓来源的巨噬细胞向 M1 表型转换[J]. 复旦学报(医学版),2015,42(5):607-612.

14. 陈成忠,于洪芹. 荧光原位杂交技术及其应用[J]. 生物学教学,2007,32(1):2-4.

15. 陈德富,陈喜文.现代分子生物学实验原理与技术[M].北京:科学出版社,2006.

16. 苑辉卿,刘奇迹.医学细胞分子生物学实验[M].3版.北京:科学出版社,2018.

17. 范金城,梅长林.数据分析[M].2版.北京:科学出版社,2010.

18. 罗伯特·F.韦弗,药立波,卜永泉.医学分子生物学[M].北京:科学出版社,2020.

19. 郑伟娟.现代分子生物学实验[M].2版.北京:高等教育出版社,2019.

20. 郭尧君.蛋白质电泳实验技术[M].2版.北京:科学出版社,1999.

21. 黄文方,刘华.实用医学分析技术与应用[M].北京:人民卫生出版社,2002.

22. 章静波.组织和细胞培养技术[M].北京:人民卫生出版社,2014.

23. 傅桂莲.分子生物学检验技术[M].北京:人民卫生出版社,2006.

24. 颜虹,徐勇勇.医学统计学[M].2版.北京:人民卫生出版社,2015.

25. Chudoba I, Plesch A, Lorch T, et al. High resolution multicolor-banding: a new technique for refined FISH analysis of human chromosome [J]. Cytogenet Cell Genet, 1999,84:156-160.

26. Crawford R M, Leiby D A, Green S J, et al. Macrophage activation: a riddle of immunological resistance [J]. Immunol Ser, 1994,60:29.

27. Donald C R. RNA: a laboratory manual [M]. New York: Cold Spring Harbor Laboratory Press, 2010.

28. Eggermann J, Kliche S, Jarmy G, et al. Endothelial progenitor cell culture and differentiation in vitro: a methodological comparison using human umbilical cord blood [J]. Cardiovasc Res, 2003,58(2):478-486.

29. Fang N T, Xie S Z, Wang S M, et al. Construction of tissue-engineered heart valves by using decellularized scaffolds and endothelial progenitor cells [J]. Chin Med J, 2007,120(8):696-702.

30. FITC Annexin V Apoptosis Detection Kit Ⅰ说明书[EB/OL]. http://www.bdbiosciences.com/cn/.

31. Gallagher R, Collins S, Trujillo J, et al. Characterization of the continuous, differentiating myeloid cell line (HL-60) from a patient with acute promyelocytic leukemia [J]. Blood, 1979,54:713-733.

32. Hristov M, Erl W, Weber P C. Endothelial progenitor cells: isolation and characterization [J]. Trends Cardiovasc Med, 2003,13(5):201-206.

33. Lin J S, Lai E M. Protein-protein interactions: co-immunoprecipitation [J]. Methods Mol Biol, 2017,1615:211-219.

34. Nims R W, Harbell J W. Best practices for the use and evaluation of animal

serum as a component of cell culture medium [J]. In Vitro Cell Dev Biol Anim, 2017,53(8):682 - 690.

35. Osber F，Brent R，Kingston R E,等. 精编分子生物学实验指南[M]. 5 版. 北京：科学出版社,2020.

36. Sambrook J，Russell D W. 分子克隆实验指南[M]. 3 版. 北京:科学出版社,2016.

37. Sato1 T，Vries1 R G，Snippert1 H J，et al. Single Lgr5 stem cells build crypt-villus structures in vitro without a mesenchymal niche [J]. Nature，2009,459 (7244):262 - 265.

38. Urbich C，Dimmeler S. Endothelial progenitor cells: characterization and role in vascular biology [J]. Circ Res，2004,95(4):343 - 353.

39. Wu X，Rabkin-Aikawa E，Guleserian K J，et al. Tissue-engineered microvessels on three-dimensional biodegradable scaffolds using human endothelial progenitor cells [J]. Am J Physiol Heart Circ Physiol，2004,287(2):H480 - 487.

40. Yan D，Wang X，Luo L，et al. Inhibition of TLR signaling by a bacterial protein containing immunoreceptor tyrosine-based inhibitory motifs [J]. Nat Immunol，2012,13:1063 - 1071.

图书在版编目（CIP）数据

细胞与分子生物学实验方法详解/王松梅,潘銮凤主编. —上海：复旦大学出版社,2023.2
ISBN 978-7-309-16445-9

Ⅰ.①细… Ⅱ.①王… ②潘… Ⅲ.①细胞生物学-实验②分子生物学-实验 Ⅳ.①Q2-33
②Q7-33

中国版本图书馆 CIP 数据核字（2022）第 186970 号

细胞与分子生物学实验方法详解
王松梅　潘銮凤　主编
责任编辑/肖　芬

复旦大学出版社有限公司出版发行
上海市国权路 579 号　邮编：200433
网址：fupnet@ fudanpress.com　http://www.fudanpress.com
门市零售：86-21-65102580　　团体订购：86-21-65104505
出版部电话：86-21-65642845
常熟市华顺印刷有限公司

开本 787×1092　1/16　印张 9.25　字数 180 千
2023 年 2 月第 1 版
2023 年 2 月第 1 版第 1 次印刷

ISBN 978-7-309-16445-9/Q·117
定价：60.00 元